ヨアヒム・ラートカウ

# ドイツ反原発運動小史

## 原子力産業・核エネルギー・公共性

海老根剛
森田直子
共訳

みすず書房

# EINE KURZE GESCHICHTE
# DER DEUTSCHEN ANTIATOMKRAFTBEWEGUNG

Atomwirtschaft-Kernenergie-Öffentlichkeit

by

Joachim Radkau

Originally published by Misuzu Shobo, Tokyo, 2012

ドイツ反原発運動小史　目次

# 凡例

一、本書に収録したJoachim Radkauのテキストの出典は次の通りである。

＊Katastrophe in Japan: Aus Fukushima lernen, in: *Frankfurter Rundschau* 04.03.2012.

＊Eine kurze Geschichte der deutschen Antiatomkraftbewegung, in: Bundeszentrale für politische Bildung (Hg.), *Ende des Atomzeitalters? Von Fukushima in die Energiewende*, Bonn 2012, S. 109–126.

＊Fragen an die Geschichte der Kernenergie – Perspektivenwandel im Zuge der Zeit (1975–1986), in: Jens Hohensee/Michael Salewski (Hg.), *Energie – Politik – Geschichte. Nationale und internationale Energiepolitik seit 1945*, Stuttgart 1993, S. 101–126.

＊Schluss: Ergebnisse und praktische Folgerungen, in: *Aufstieg und Krise der deutschen Atomwirtschaft 1945–1975. Verdrängte Alternativen in der Kerntechnik und der Ursprung der nuklearen Kontroverse*, Reinbek 1983, S. 462–477.

一、原文中の強調は、傍点もしくは太字で表記した。

一、訳者による補足は〔 〕内に記した。

一、原注は（1）、（2）……、訳注は＊1、＊2……、と番号を付し、各章末に収録した。

# あれから一年、フクシマを考える

大げさなメッセージを要求するテーマについて記事を書く者は、読者を不意打ちする効果を好んで追い求める。フクシマ後にドイツで書かれた多くの記事に標準的なギャグは、あろうことか大惨事によって最も被害を被った日本人こそが、いささかの狼狽も示していないという逆説を指摘することだった。そして、典型的な場合、この指摘には、日本の本質についてのあまり好意的とは言えない考察が添えられていた。すなわち、悪い事柄はすべて不可解な微笑みによって否認するのが日本の流儀だというのである。

とはいえ、日本をあちこち見て回り、日本に関する西洋の文献を数十年にわたって観察してきた者ならば、「典型的に日本的なもの」についての旅行ガイドブック的な紋切り型に対して慎重な態度を取るだろう。フクシマののち、比較的長い期間にわたって日本人とコンタクトを持ってきた者も同様である。この大惨事が「日出ずる国」を骨の髄まで震撼させたことに、疑問の余地はない。二〇一一年四月一日の閣議決定以降、公式の呼称は「東日本大震災」である。ドイツの原子力の擁護者たちも、福島地域から伝えられる恐ろしい映像の大部分は自然災害——地震と津波——によるものであり、原子力の大災害によるものではないことを思い起こさせるのがつねである。（当然である。放射能は目に見えないのだから！）しかし、そうした自然現象は人間の所業によってはじめて大災害になるのだということは、日本でも理解されている。

『ジャパン・タイムズ』のスペシャルレポートは、「3・11」と題されている。つまり、フクシマは日本にとって、アメリカ合衆国の「9・11」に相当する出来事であるというわけだ。このレポートでは、日本の地震研究の第一人者である森本良平が、今回のような高さの津波を予想することはできなかったという日本政府の自己弁護の主張を、「馬鹿げたもの」として退けているのを読むことができる。森本によれば、このような主張が間違っていることは、地震の歴史によって容易に論証可能であり、「歴史の教訓」が無視されたのだった。日本の原子力産業の歴史家である吉岡斉は、日本の原子力発電所で——地震も津波も起こらずに——一連の憂慮すべき事故（東海村JOC臨界事故など）が発生したのちの一九九九年に、すでに次のように予言していた。「もし将来、より大きな事故が起こったならば、日本政府は核エネルギーの生産をやめる以外に選択の余地はないだろう。」

吉岡はインサイダーの知識を豊富に持っており、核エネルギーに対する信頼が日本のエリートの内部でもこれまで揺るぎないものではなかったことを、そして現在もそうではないことを知っている。たとえ今すぐにではないにせよ、長い目で見れば、吉岡の予言は実現するのだろうか。ドイツの経験は、こうした事柄では息の長さが必要であることを示している。私はいつも、それを指摘することで日本の原子力の反対者たちを元気づけている。チェルノブイリ事故のしばらくあとにも、西ドイツの反原発運動の界隈に不満が広がったことがあった。「何をしようと無駄であり、ドイツでは何も変わらないのだ」と人々は感じたのだった。だが、この印象は間違っていた。現実には物事が動き始めていたのである。日本でも、ひとは忍耐強くなければならないだろう。大量の褐炭層もEUのような電力網も持たないこの島国では、ただちに原発を脱することは技術的に不可能である。今日、依然として原子力を不可避のものであるように見せているのは、主としてすぐに利用できる他の選択肢の欠如であるように思える。

だが、次の点を思い起こす必要がある。すなわち、フクシマが起こる前までは、「核エネルギー・ルネサンス」が、日本をも含む世界中のメディアを席巻した合言葉だったのだ。その際、原子力の批判者に対する決定的な反論として、気候の危機が持ち出されねばならなかった。しかし、そうした状況は、今日では完全に過去のものとなっている。『日本の未来について話そう』〔英語版タイトルは"Reimagining Japan – The Quest for a Future That Works"〕と題された分厚い論集は、このことを示している。この書物は、環境意識で名高いとはとても言えないマッキンゼー・アンド・カンパニーによって編集され、本質的にはフクシマ以前に成立したものだが、大急ぎで新しい状況に合わせて修正されたのである。この論集には多くの著名な日本人が寄稿しており、それは現在、日本の書店の店頭に積み上げられている。マッキンゼー・ジャパンの社長であり、この論集の発案者でもあるエアン・ショーは、本書の結語において、菅直人首相は正当にも、フクシマがもたらした諸帰結を「第二次世界大戦以来日本が直面した最大の危機」と呼んだのであり、その長期的影響は原子力産業にとって間違いなく「深刻な」ものとなるだろうと述べている。首相という立場からのこれだけの発言は、何かしら効果を持つだろう。これまで原子力発電所の建設に従事してきた日本企業のある開発エンジニアは、私との二人きりの会話の際に、自分の同僚たちは深い衝撃を受けていると述べ、ハイテク分野における先進的地位にもかかわらず太陽エネルギーへの乗り換えのチャンスを逸したことは日本の大きな誤りであったと認めたのだった。

今日、日本の原子力の批判者たちは、称賛の眼差しでドイツを眺めている。ドイツにおける彼らの同志たちの成功の秘密はどこにあるのか、と繰り返し尋ねられる。ドイツにおける原子力をめぐる対立の歴史を概観した私の文章は翻訳され、日本の雑誌『みすず』に掲載された（本書に所収）。日本で広く知られたフェミニストの社会学者上野千鶴子は、この私の文章についてブログに次のように書いた。「なぜ脱原発派がドイツで勝利し、日本で勝利しないかの分析もある。読みながらほぞを噛む思い。」だがそれにもかかわらず、ドイツ人が自惚れる理由はないのだ。

放射線防護協会会長セバスティアン・プフルークバイルは、『ドイツ・国際政治誌』（Blätter für deutsche und internationale Politik）に寄稿した優れた記事のなかで、まさしくそのことを指摘した。歴史を知る者は、日本の過失に対応する事例をドイツにも見出すのである。また、ドイツの原子力の反対者たちは日本よりも有利な状況にあった。というのも、ドイツには豊富な石炭資源があり、反原発運動が最初の頂点に達した一九七〇年代にはまだ、気候変動に対する警鐘も鳴らされていなかったからである。

ペトラ・ケリーを筆頭に、広島を旅したドイツの原子力の反対者たちは、原爆犠牲者追悼施設の地階に民生原子力の宣伝展示を見て、憤慨したのだった。しかしドイツの知識人にとっても、「平和的な原子力」は一九七〇年代にいたるまで核爆弾に対置される世界を体現していた。それは一九五七年四月のゲッティンゲン宣言の遺産であった。この宣言のなかで、ドイツの指導的な原子物理学者たちは西ドイツ連邦軍の核武装を批判し――それによって彼らは左翼知識人の英雄となった――、同時にまた「平和的な」核エネルギーの振興に力強く支持を表明したのだった。核兵器と核エネルギーとのあいだの起源的な結びつきは存続していること、そして、アデナウアーが核技術を欲したのは、フランスとの協力のもと、ドイツの核兵器製造という選択肢を開こうとしたからであったということは、ドイツでもようやく少しずつ再発見されていったのである。一九六〇年に他でもない友人のド・ゴールがそうした計画をお払い箱にしたときになってはじめて、御大〔アデナウアー〕は、「いまいましい原子力話」が皆の頭をおかしくしてしまっている、と毒づいたのだった。

日本との接触ではじめて私にはっきりしたのは、日本の政府筋にもそのような底意が依然としてあったということである。というのも、ヒロシマから原爆製造を支持する論拠を作り出すことができたのである。あまりに性急に「典型的な日本的特徴」やサムライ・ハラキリの伝統といった論拠を持ち出すべきではない。普段は冷戦の戦士とはほど遠かったテオドール・ホイス〔西ドイツ初代大統領〕ですら、親友アルベルト・シュヴァイツァーが連邦軍の核武装を批判したとき、「もし日本人みずからが原子爆弾を持っていたなら、アメリカは一九四五年に日本に原爆を投下しただろうか？」と問いかけて反論した。そして、今日の日本の状況がドイツよりも難しいことを忘れてはならない。つまり、日本は東アジアでほとんど孤立しているのである。私が日本人の同僚に、東アジアにもEUに相当するものができる見込みはあるのだろうかと質問したとき、この同僚は悲しげに、残念ながらその見込みはないと答えたのだった。「そうしたものができるには、日本の首相がみずからに打ち勝って、ワルシャワ・ゲットーの記念碑の前で跪いたヴィリー・ブラントと似たようなことをする必要があるだろう。しかし、そうしたことが起こるとは考えられない」と彼は述べたのである。一九八〇年代にはまだ、中曽根首相のもと、日本はアメリカ合衆国の「不沈空母」であるという意識を誇示することができた。しかし、いまでは新たな巨人である中国のほうが、ワシントン〔アメリカ〕にははるかに重要になってしまった。

今日では、核エネルギーが高いリスクを伴うことを知的な日本人に教える必要はない。決定的な点は、日本が再生可能エネルギー技術に対する信頼を獲得するかどうかであり、再生可能エネルギーを前進させるアクターの連携が成立するかどうかである。そこにすべてがかかっているのだ。だが、それはドイツでも同様であった。確かにドイツでは三〇年以上前から、風力・太陽光発電に支持を表明することがエコロジカル・コレクトネスになっている。しかし、そのドイツでも長い間、「再生可能エネルギー」を信じることは容易なことではなかった。そのことを思い出すには、かつてのエコロジストたちをパロディー的に描いた映画『ボビー・ユーイングが死んだ日』〔ラース・イェッセン監督のドイツ映画（二〇〇五年公開）〕のことを考えてみればいい。その映画では、反原発運動コミューンのメンバーが、がたがたした風車でどうにかこうにか点滅する電球を灯そうと奮闘するのだ。そして、この点に関しては、二五年前のチェルノブイリと今回のフクシマでは状況がまったく異なっている。いまや再生可能エネルギーは経済的勢力となっているからである。太陽電池に関してドイツと中国のあいだで激しい競争が展開したことは、確かにいくつかの太陽電池メーカーにとっては喜ばしくない事態であるものの、それはまた、太陽光エネルギーが現実に存在し、魅力的で力強く、将来性に富んでいることを示す偽りなき証拠でもある。

歴史家として私は、失望した日本の友人たちに日本の歴史を想起するよう促している。日本の歴史には、一八六八年の明治維新以来、繰り返し、同じパターンが見出されるのである。すなわち、長い間、頑なな伝統主義と外部に対して一枚岩的に閉じたエリートの集団が支配するのだが、従来のやり方では没落しかないことをついに否定しがたくなると、新たな未来に向かって邁進する途方もないエネルギーが解き放たれるのだ。ボン〔西ドイツ〕では環境保護がエコロジー革命の年である一九七〇年に内務省によって考え出されたのに対し、東京〔日本〕で変化をもたらしたのは下からの圧力、被害者たち〔四大公害病が念頭にある〕の抗議の大波であった。それがまずは裁判所に、次に政府と産業界のトップに、方針の急転換を促したのであり、日本は一時ドイツ人にとってさえ環境政策の手本となったのである。

しかし、それは特定のいくつかの領域でのみ生じた変化であり、核技術の分野ではそうした変化は起こらなかった。この分野でも、とくに一九九五年に起きた日本製増殖炉もんじゅの重大事故以来、いくつもの抗議運動が存在してきた——日本には「市民社会」がないと考えてはならないのである！　しかし、フクシマ以前には、これらの抗議運動は、大抵の場合、ローカルであり、相互の結びつきを欠いていたように見える。地元の農民や漁師の抗議、若い母親たちの抗議、野党の政治家や体制批判的な科学者たちの抗議が存在した。しかし、そこには国内的・国際的なネットワークが欠けていた。だが、このネットワークこそが重要なのである。これがドイツの経験の核心である。いまや日本の原子力の批判者たちは、ひとりぼっちだと感じる必要がない。彼らは世間に対して、改革のエネルギーが日本の伝統の一部であることを思い起こさせるべきだろう。かつては電子工学を先導した国である日本が、破壊された原子炉を調べるためのロボットを外国から輸入しなければならなかったという事実自体が、東京電力・原子力村複合体がどれほどイノベーションの精神から見放されているのかを照らし出している。エネルギーシフトが新しいアクターを必要とすることに疑いの余地はない。そして、それは日本だけの話ではないのである。

# ドイツ反原発運動小史

ドイツにおける反原発運動の始まりは、いまから四〇年以上前に遡る。反原子力闘争の山場は一九七〇年代後半にある。その後、そうした抗議運動は、もはや過去のことであるかのような様相を呈することが多かったが、予期に反して、より若い世代にも飛び火し、折々に盛り上がりを見せた。一九八六年四月二六日のチェルノブイリと、二〇一一年三月一一日のフクシマの原子炉の大事故――いずれも、それに先立つ時期、核エネルギーをめぐっては表面的には比較的静かになっていた――ののち、かつての抗議運動の光景があっという間に再現され、その都度、原子力に対する批判が、中心となる反対者たちを超えてより広く浸透していたことが示された。反原発運動の闘士の多くは、長い間、自分たちは勝ち目のない戦いをしていると思っていたが、今日の様子からすると、彼らはどうやら勝利したのである。

## 離れたところからの問い

反原発運動については、その歴史的射程や魅力的な新しさから予想されるほどには研究が進んでいない。中心的な問いの数々は、一定の距離をおいて、つまり、時間的に隔たったり、他の国々と比較したり、多様な環境運動の全体を俯瞰することによってはじめて生じるのだ。反原発運動の何が典型的にドイツ的だったのか？　他の国々にも見出せるものは何か？　ドイツ的な特殊性があるとすれば、それはどのように説明できるのか？　多様な環境問題を目の前にして、抗議が繰り返し原子力に集中したことは、どう説明されるのか？　歴史的過程を知ることは、こうした抗議運動がどれほど合理的な根拠を持っているのか、それともむしろ非合理的な不安やイデオロギー的な偏見に由来するのかについて、説明を与えてくれるのだろうか？　抗議運動の真の起源は、一九六八年の学生運動にあるのだろうか？　それとも、それは〔一九五〇年代半ばの〕西ドイツ連邦軍の核武装に対する抗議にまで遡るのだろうか？　反原発運動の熱意は、どの程度まで特定の敵のイメージに由来し、そして、それはどの程度まで暴力を辞さないものだったのだろうか？　この運動には、様々な段階と学習過程——および忘却過程——があったのだろうか？　その運反原発の抗議運動は、いかにして自己中心的な閉じた世界から抜け出したのだろうか？　その運動は、環境危機の多彩さに目を開いたのであろうか？　それとも、みずからを他の環境運動から孤立させる偏執妄想を生み出したのだろうか？　――このような問いの多くに対して、現時点の研究水準では暫定的な答えしか与えられない(1)。歴史家たちは、資料へのアクセスの問題に突き当たり、入手できる文書記録からは、多くの反原発運動の内部のありようを容易に見抜けないのである。

## 前史――ボデガ湾からヴュルガッセンへ

反原発運動が合衆国起源だということは、アメリカ合衆国においてさえ、その後はほとんど忘れられていた。アメリカでは、反原子力闘争はすでに一九六〇年代に頂点に達した。そこでは、核兵器に対する抗議運動が、民生用の原発に対する抗議へと直接に移行したのである。それどころか、世界で最初に成功をおさめた反原発運動は、早くも一九五八年にカリフォルニア州で始まっていた。それは、サンフランシスコ北部にあるボデガ湾の原発建設計画に向けられたものだった。出発点にはボデガ湾の美観をめぐる憂慮があったが、内部の事情に通じた者が、反対者たちにその地における地震の危険性について思いいたらせ、この論拠が決定的なものになったのだ(2)。とうに忘れられていたこの歴史は、フクシマを経験したいま、私たちを考え込ませる。耐震建築で世界最先端を行くと信じていた日本とは異なり、カリフォルニア州では、サンフランシスコの大部分を破壊した一九〇六年の地震が、その後も見せしめとして作用していたのである。

次の事実もまた、今日ではすっかり忘れ去られている。すなわち、原発建設に反対するヨーロッパ最初の大規模デモ――それはもちろん成功しなかったが――は、一九七一年にフランスで行われたのであり、それはフランスの直接行動（action directe）の伝統に根ざしていたのである。一九七一年四月一二日、アルザスのフェッセナイムで原発建設予定地の占拠が行われ、その直後にローヌ川沿いのビュジェイの原子炉建設予定地で一層大規模な大衆デモが行われた。[3] さらには、一九七一年一二月二八日、ストラスブールに世界各国から五〇人ほどの反原発運動の代表が集結した。反原子力インターナショナルが誕生しつつあったのだ。その際にも、重要なきっかけは、いまだ合衆国からやって来た。アメリカにおける原野保護運動のカリスマ的人物であるデイヴィッド・ブラウワー（一九一二―二〇〇〇年）は、一九六九年に初の国際的な環境組織である「地球の友」（Friends of the Earth）を創設した。これは、それまでの原野ロマン主義から離れ、核技術に対する闘争に焦点を絞ったのである。

ブラウワーは、それ以来有名になったスローガン「グローバルに考え、ローカルに行動する」（think globally – act locally）を生み出した。[4] これは、一見逆説的なスローガンで、環境保護のあらゆる活動領域にはとうてい適さないが、原子力に対する攻撃では意味を持った。というのも、そこでは、知識が決定的に重要であり、アメリカの原子力批判者たちは、情報において優位に立っていたからである。彼らの情報なしには、別の場所の反原発運動は、単なる世間知らずにとどまるしかなかった。「地球の友」のドイツ支部の創設者ホルガー・シュトロームは、アメリカの情報に基づいて、ドイツ語による初の包括的な反原発論を著した。[5] これは、その後、版を重ねるたびに増量し、ついには聖書のような形になったのだった。西ドイツでは、すでに一九五〇年代後半に、最初の小型実験炉の建設に対してローカルな抗議がなされていたが、それは全国紙で真面目に取り上げられることはなかった。それに対して、新しい論拠の武器庫とも言えるシュトロームの本とともに、抗議はいまやより広い世間に達したのである。

反原発運動の前史から本流への移行を画するのは、ドイツでは、一九六八年から建設中であったヴェーザー川上流のヴュルガッセン原発に対する抗議である。[6] その抗議はすでに、一九六二年から六五年まで国会の原子力エネルギー委員会の長を務めたSPDの国会議員カール・ベヒャート——化学の教授でもある——から、消息筋の情報を入手していた。また、原発の反対者たちは、ヴュルガッセン近隣の町レムゴーの医者であり自然療法士のマックス＝オットー・ブルカー——保守的な生命保護世界連盟の責任者でもあった——から金銭的、理念的な後ろ盾を得た。一九六八年七月一二日、ブルカーは左翼的な『ドイツ国民新聞』（デュッセルドルフ）に火を吐くような記事「民主主義の非常事態——ヴュルガッセン原発が示すもの」を発表した。これは、それまでのドイツのメディアにはなかったような、民生用核技術に反対するファンファーレの吹鳴となった。ブルカーによれば、ヴュルガッセンの事例には、「報道管制や、誤った情報の意識的かつシステマティックな発信、虚偽の報告の流布、そして、独裁的な措置によって、民主主義の原理を茶番に変える方法が範例的に示されている」のであった。

しかしながら、ヴュルガッセン計画に対する闘争は、六八年のスタイル、すなわち、ハプニングや大衆デモを伴ったやり方ではなく、主に法的な手段によって戦われた。〔闘争を主導する〕市民運動は、カールスハーフェンの弁護士ホルスト・メラーによって率いられていた。メラーは、建設を中止することはできなかった――ヴュルガッセンの沸騰水型原子炉は、操業開始後に、故障の頻発によって自己否定することになった(7)――が、ともかくも一九七二年に、連邦行政裁判所でいわゆる「ヴュルガッセン判決」を勝ち取った。この判決は、それまで二面性を示していた一九五九年制定のドイツ原子力法第一条――核技術の推進と安全性の保証とを同等に並置していた――を、いまや安全を優先するように解釈したのである。(8)これにより、それ以後の反原子力陣営にとって強力な法的ポテンシャルが生み出されたが、そのポテンシャルは、当然ながら、「権利のための闘争」〔一九世紀の法学者イェーリングの著書のタイトル〕を通じてはじめて活性化されうるものであった。裁判所は、メディアからはあまり注目されないながらも、原子力闘争における第二の重要な舞台となった。このことは、建設が計画されていたライン川上流沿いのヴィール原発にも当てはまった。そして、このヴィール原発とともに、論争は急激にエスカレートしていったのである。

## ヴィールからゴアレーベンへ

一九七二年から存在する市民運動（「原発による環境破壊に反対するオーバーライン活動委員会」）のメンバー数百人は、一九七五年二月一八日、ヴィール原発の建設予定地を占拠した。これによってはじめて、不法活動への一線が越えられたのだった。そして、この事例では、抵抗は最終的に成功をもたらした。建設予定地に集まったのは、農民、その地方のブドウ園経営者——傍目には、女性が多数いたことが目立った——、それに近くのフライブルク大学の学生たちであり、ドイツの抗議運動の歴史において、それまでなじみのなかった連合であった。振り返ってみて奇妙に思えるのは、その地域の狩猟者協会もこの抗議運動を支持したことである。農民たちは、左翼の学生たちよりも、当時ちょうど鉛化学工場建設に対する戦いに勝利したライン川対岸のアルザスの仲間たちのほうに、みずからのあるべき姿を見出したのである。

とりわけ占拠開始の二日後に、占拠者たちが暴力的行為を働いていなかったにもかかわらず、六五〇〇人の警察部隊が放水車を伴って建設予定地に突入したとき、抗議行動はメディアのトップ記事に躍り出た。そして、いたるところで、自然発生的な共感の波が抗議者たちに押し寄せた。二月二三日には、原発に反対する二万八〇〇〇人近くの人々――その一部は、フランスやスイスから来ていた――が同地に殺到し、警察との衝突ののち、建設予定地をあらためて占拠し、ドイツ初の反原発キャンプを作った。(9)これらの人々は、すぐさま部分的成功を手に入れた。すなわち、一九七五年三月二一日には、フライブルク行政裁判所が建築の部分許可の取り消しを決定し、建設の仮停止をもたらしたのである。(10)同裁判所は、一九七七年三月一四日に、ヴィールに計画中の原発は、「〔原子炉圧力容器の〕破砕防護」のための鉄筋コンクリートの覆いが設置される場合にのみ建設を許可されると定めた。その覆いは、故障事故の際に他のすべての安全対策が機能しなかった場合にもなお、周辺環境に放射性物質が漏れ出すことを阻止すべきものであった。これは、フライブルクの判事たちの勇気ある大胆な裁定であり、他の判事たちはさしあたりそれに追従することはなかった。破砕防護は、原発建設を著しく高価なものにするため、電力会社はヴィール原発の建設計画への関心を失うことになった。

どのようにして判事たちが破砕防護の義務づけにいたったのかという問いは、きわどい皮肉を含んでいる。これには、世間にはほとんど知られていない前史があった。化学コンツェルンBASFは、一九六七年以降、会社独自の原発をルートヴィヒスハーフェンのそばに――すなわち、都市の住宅密集地のすぐ近くに――計画していた。これは、そこからほど遠くないビブリス近郊に当時の基準で世界最大の原発施設を計画していたライン＝ヴェストファーレン電力会社（RWE）の構想とかち合った。のちにRWEの「原子力教皇」と呼ばれることになるハインリヒ・マンデルは、ドイツ連邦研究省（本省は、そもそも原子力問題を扱う省庁として発足した）に対し、アメリカ合衆国では、原発は大都市近くに建設されるべきではないという結論に達したことを内々に指摘した。(11) まずは、BASFの計画に破砕防護が義務づけられ、続いて研究相のハンス・ロイシンクは完全な拒否権を発動した。BASFの幹部たちは、「RWEの野蛮な残虐さ」にいきり立った。(12) ロイシンクは、この関連において、それまでの安全対策ではカバーされない「残余リスク」という概念を生み出した。フライブルクの判事たちは、ライン川上流域の農民たちには、マンハイム＝ルートヴィヒスハーフェン広域圏の都市住民たちと同じ権利があると、理にかなった論証をした。こうして見ると、反原発抗議運動の始まりには、他でもない「原子力教皇」がいたことになる。世間がまったく予想すらしていなかった歴史の皮肉である！

ルートヴィヒスハーフェン計画をめぐるドラマより先に、一九六六年に合衆国でひとつのドラマが起こった。それは、関係者のひとりであるデイヴィッド・オクレント――当時、原子炉安全諮問委員会の委員であった――が、のちに軽水炉の安全性の判定における「革命」と呼んだドラマである。(13) いくつかの試行から、原子炉の「暴走」の際に、そうした場合に備えて設置してある緊急冷却装置が信頼できるのかどうかについて、疑念が生じた。この示唆を受けて、ニューヨーク近郊のレイヴンズウッドの原発計画が中止されたのである。これは、核エネルギーの歴史におけるひとつの転機であった。その影響の大きさは、決して過小評価できない。それまで、多くの「進歩的」知識人たちこそが、民生用の原子力を核爆弾と結びつけることは愚かであるとみなしてきたのであり、抑制された連鎖反応を伴う「平和的な原子力」は、まさに爆弾の対極にあるという理解を、啓蒙された進歩的なものだと信じてきたのであった。しかしながら、その後、原発の「減速材」による連鎖反応の減速作用には絶対的な信頼を置くことができず、したがって、原子力と爆弾との結びつきはやはりまったくの迷信ではないのだという懸念がだんだんと浸透していった。反原発運動の発生を理解し、他ならぬその合理性を把握するには、こうした知の伝達に注意を払う必要があり、市民運動を社会現象としてのみ見据えてはならないのである。

「ズーパー・ガウ」(Super-GAU) ——つまり、制御できる(とされる)「最大想定事故」〔ドイツ語では略してGAUと表現される〕を超える大惨事——をめぐる思考は、原子力に対する抗議に新たな急進性を与えた。いまやこの考えは、かつての核兵器に対する抗議が喚起したのと同様の感情をかき立てることができた。こうした状況のもと、ベトナム戦争の終結〔一九七五年〕と新東方政策〔一九七二年以降の西ドイツの東ドイツに対する協調外交政策〕によって当初の標的を失った左翼の学生たちも結集した。もっとも、どこかで何かに反対するデモがあるからといって単に参加するのではなく、みずからの行動を理論的に根拠づけたいと考えた六八年世代の運動家にとっては、原子力に反対する立場に転換することは容易ではなかった。というのも、当時のネオマルクス主義では、まだ次のような思考パターンが広まっていたからである。すなわち、社会の進歩は生産力の進展によって推し進められるが、生産力の進展は科学化の進展に基づく。したがって、知識人は今後、革命的前衛なのであり、まさしくこれと同じ理由から、核技術は最も「科学的な」技術として進歩の頂点にある、という思考パターンである。一九六八年の学生運動の偶像であるルディ・ドゥチュケは、哲学者エルンスト・ブロッホを評価していたが、「平和的な原子力」がもたらす恩恵に対するブロッホの心酔は、原子力ロビーのプロパガンダすら凌駕していた。ブロッホは、素晴らしい力の源泉〔原子力〕を充分に精力的に促進していないとして、「後期資本の潜在的な機械破壊」を非難していたのだ。(14) 一九七七年三月になっても、ドゥチュケは日記のなかで次のようにため息をついている。「ブロクドルフとイツェホー〔いずれもブロクドルフ原発の地元の町〕における原子力・大衆動員のすべては、理論的にも政治的にもやっかいだ。『オールド・シュアハンド第二巻』〔カール・マイの小説〕を、子どもたちと一緒に彼らに読み聞かせるほうが簡単だ。(15)」

疑いなく、多くの六八年世代の反原子力へのアンガージュマンは、パニック的な不安から生じたのではなく、大抵は骨の折れる学習過程を通じて遂行されたのである。それは、一九六八年に甲斐なく探し求められた「下部構造」との接触、つまり、広範な大衆との連携をついに見出したいという願望によって駆り立てられていた。その際、ドイツ共産党に近いグループは、東ドイツとの結びつきのせいで身動きが取れずにいた。というのも、東ドイツでは、核技術は批判者にとってタブーであり続けていたからである。毛沢東主義をとった「Kグループ」は、最も傍若無人に原子力に対してそのラディカリズムをぶちまけることができた。というのも、通常、原発は人里離れた農村地帯に建設され、そこの農村生活を乱したからである。農民との闘争同盟は毛沢東主義的な傾向を持っていたのだ。しかし、西ドイツの状況下では、農民との闘争同盟は主に空想上のものであった。農民たちは、トラクターで進入路をふさいだりはしたが、とりわけ一九七七年にブロクドルフやグローンデの原発建設用地で繰り広げられたような警察部隊との正真正銘の戦いには、怖じ気づくばかりであった。

学生とブドウ園経営者とが一緒になって持ちこたえたヴィールの同盟は、ロマンチックな思い出となり、大量の文献によって熱心に呼び覚まされた。しかし、「Kグループ」の暴力行為によって、その幅広い同盟は崩壊の危機にあった。原発の建築現場の柵の周囲で展開された内戦めいた闘争の光景は、確かにメディアを魅了したものの、裁判所の共感は呼び起こさなかった。つまり、ブロクドルフやグローンデに対する抗議は、裁判所で成功を収めることはなかったのである。いくつかの警察部隊の粗暴さは、平和的に抗議する原発の反対者たちのあいだにも時折激しい憤怒を喚起したが[16]、明示的にせよ暗黙裡にせよ、非暴力の原則が繰り返し貫徹された。徐々に明らかになったように、原子力の反対者たちは、勝ち目のない戦いをしていたわけではなかった。無慈悲な「原子力国家」――これは、ローベルト・ユンクによる一九七七年のベストセラーのタイトルである――に対する命がけの絶望的な闘争という恐怖のシナリオは、その一〇年前に「ナチのキージンガー」〔キージンガーは、一九六六―六九年に西ドイツ首相を務めるが、ナチ党員だったことから強い批判を浴びた〕が非常事態法の導入〔一九六八年〕によって推進したとされる西ドイツの「再ファシズム化」に対する戦いと同様、大げさな空想であることが明らかになったのだ。

一九七〇年代後半の抗議運動が、とりわけカルカー近郊の増殖炉建設とゴアレーベンの再処理工場計画に集中したことは、実によく考え抜かれた判断であった。というのも、そこにはアメリカ合衆国――かつての原子力「コミュニティ」のお手本――からの政治的な追い風があったからである。つまり、ジミー・カーター率いる新政権は、核兵器に転用可能な核分裂生成物の「拡散」がありうることに鑑み、増殖炉と再処理工場の建設を拒否したのである。(17) また、増殖炉や再処理工場は、新たな次元の危険を伴う、いまだほとんど検証されていないテクノロジーにかかわるものだったため、それらに対する抗議運動は、国際的に有名な専門家たちの後ろ盾をも得ることができた。そのうえ、増殖炉や再処理工場の経済利益は、ますます疑わしいものとなったので、それらの施設はエネルギー産業界からもそれほど強力な支持を得られなかったのである。もっとも、エネルギー産業界は、原子力政策上のコレクトネス（「核燃料サイクルの完結」）から、対外的にはそれらの計画に寄り添う姿勢を示していた。

ドイツの反原発運動の歴史的頂点となったのは、ゴアレーベン計画、すなわち、当時世界最大の再処理工場建設計画への抗議であった。[18]「ゴアレーベン・ゾル・レーベン」〔「ゴアレーベンよ、生きながらえよ」〕というスローガンのもと、非暴力主義の支持者たちは成果を収めた。ヴィールのときと同様に、地域の農民たちとの連帯が生み出され、ヴィールのときよりも一層明確に、人里離れたヴェントラント〔ゴアレーベン周辺の自然が多く残る一帯だが、当時は旧東独領に突き出した「西ドイツの突端」であった〕における原子力計画に対する闘争が、比較的まだ自然のままであった景観維持のための闘争へと変化した。当初は単なる技術的安全性のみを目指していた反原発運動が、ヴェントラントで完全な「環境運動」になったのである。人々が森のなかで「オルタナティヴな」生活様式を実験した「ヴェントラント自由共和国」は、緑の伝説となった。

## 転換期——反原発運動と平和運動の結びつき

しかし、別の次元でも決定的なことが生じていた。一九七九年三月末にハノーファーで開催された国際ゴアレーベン・シンポジウムは、スリーマイル島の事故と、それまでで最大の反原発デモと時期的に重なり、原子力をめぐる闘争の大きな転換点とみなされうる。このシンポジウムでは、論争に新たな質がもたらされた。つねに同じ論拠を繰り返す紋切り型の議論の応酬がそこでは乗り越えられ、核エネルギー推進陣営が崩壊し始めたのだ。[19] シンポジウムの最後には、ニーダーザクセン州の首相アルブレヒトが、当初の規模では「政治的に実現不可能」だとして、ゴアレーベン計画を撤回した。計画の主任者は、これはドイツの原子力産業における「カンネー〈歴史的大敗〉」だとうめき声を上げた。それに対して、エネルギー産業界では、のちに次のような名文句が広まった。「基本的には敵に感謝しなくてはね。というのも、敵のお陰で史上最大の誤った投資をせずに済んだのだから。[20]」ハノーファーのシンポジウムは、カール・フリードリヒ・ヴァイツゼッカーが主導したものであったが、彼は原子物理学出身で、原子力「コミュニティ」で最高の精神的権威とみなされていた。しかし、彼でさえ、とりわけテロの危険に鑑みて、当時は核技術に距離を置くことになったのだ。

スリーマイル島とハノーファーの日々が転換期になったのには、もうひとつの要因があった。一九七九年三月二九日に、国会の調査委員会「未来の核エネルギー政策」が、ブロクドルフのデモで怪我を負ったこともあるSPDの若き議員ラインハルト・ユーバーホルストのもとで活動を開始したのである。この委員会設置に伴い、それまでは主に議会外で行われていた原子力をめぐる闘争が、議会の次元に到達した。[21] 当初は、どうしようもなく行き詰まって見えた対立状況において、ユーバーホルストは、敵対する陣営のあいだに「歴史的な妥協」を目指し、結局、次のような合意を導いた。すなわち、核エネルギー利用の有無にかかわらず、複数のエネルギー政策の選択肢が存在すること、そして、極端な大事故の危険を、それが生じる可能性が表向き最小限であるからといって過小評価してはならない、という合意である。(22)委員会報告書は、当時、あまり直接的な結果につながらなかった。それにもかかわらず、この報告書は、今日から見れば、将来性のある発展の一里塚に見える。そこから始まった発展のなかで、政治家たちは、エネルギー問題に関してみずからを――かつてのように――やむを得ないと思われる諸事情の単なる実行者とみなすことをやめたのである。

当初から今日にいたるまで、ドイツの反原発運動の持続性や成功は、抗議運動の内的構造からだけではなく、市民の抗議やメディア、政治、行政、司法、そして科学の相互作用からも説明されるということが見て取れる。このダイナミズムは、ドイツとアメリカの環境運動を結びつけると同時に、フランスや日本といったその他の諸国――そこでは、住民の抗議は無いわけではないが、いま挙げたような諸アクターや諸機関のダイナミックな相互作用がほとんど展開されていない――との相違に気づかせてくれる。原子力に対する抗議は、六八年の学生運動家と環境運動とを結びつける決定的な絆となった。それがなければ、緑の党の成功は説明できないだろう。西ドイツにおいて、国際的に最も強力な反原発運動と、同様に最も強力な緑の党が生じたことには、明らかに因果関係が存在しているのである。(23)

一九七〇年代の抗議運動は、今日にいたるまでの原子力批判を規定することになるあらゆる主題を含んでいる。ただし、一九八〇年頃にひとつだけ新しいモチーフが加わり、しばし主題となった。そのモチーフとは、民生用と軍事用の核技術の結びつきである。当時の抗議シーンを支配していたのは、「核軍備増強」〔NATOの「二重決定」で示された欧州への中距離ミサイルの配備のこと〕に対する抵抗であった。とりわけ、この新しい平和運動の旗印のもとで「緑の党」が形成されたのである。

それまで西ドイツでは、米国におけるよりもずっと顕著に、民生用の核技術は核兵器とは切り離されたテーマとして認識されていた。西ドイツの原子力研究者たちは、ドイツ連邦軍の核武装に反対する一九五七年四月の「ゲッティンゲン宣言」――これは、民生用核技術への信頼表明につながった――によって、批判的知識人たちの英雄となっていた。[24] 一九七〇年代にはまだ、核の本当の脅威は「爆弾」によってもたらされるのであり、それが不当にも「平和的な原子力」に投影されているのだ、というのが原発擁護の議論のパターンであった。

しかし、ウラン濃縮施設、プルトニウム、技術的ノウハウを介して、民生用と軍事用のテクノロジーはまさしく関係し合っていた。最後の一大抗議運動は、一九八〇年代にゴアレーベンのかわりにバイエルン州フランケン地方のヴァッカースドルフ近郊に計画された再処理施設に向けられた。[25] この再処理施設が――おそらく不当にも――核軍備増強と結びつけられ、そこに爆弾技術の底意がなすりつけられたのである。しかし、一九八〇年代半ば以降、ソ連のペレストロイカの展開と冷戦の終結のなかで世間の空気は変化し、核の拡散の危険が世界規模で存続したにもかかわらず、反原発抗議運動と平和運動との結びつきは意義を失うことになった。(26)

一九八一年の秋以降、森林枯死への警鐘が環境をめぐる憂慮の筋書きを支配した。それによって批判が石炭を利用する火力発電所に集中することになり、原発は――当時はどのみち新たな計画などほとんどなかったのだが――、激しい批判にさらされることがなくなった。ドイツの森林をめぐる憂慮によってはじめて、環境保護の抗議運動はオルタナティヴな左翼的ミリュー〔社会的環境〕を大きく超えてCDU支持層にまで広がる大衆運動となったのだった。反原発の闘士たちにとって、このテーマは取っつきにくかった。森林をめぐっては、時間をかけないと得られないまったく別の専門知識と別の思考様式が必要だったからである。これとはまた異なる様相を示したのが、遺伝子技術のリスクであった。一九八四年頃からそのリスクはエコ・シーンにおける関心の的となり、ひとは原子力のリスクを決定する際の基本モチーフを遺伝子技術に転用しようと試みた。そして、遺伝子技術においては原子力発電所のような大きな攻撃対象が存在せず、遺伝子技術の破局的リスクが、これまでのところ核エネルギーの場合よりも一層仮説的な性格を持っていたにもかかわらず、この試みは少なからぬ成功を見たのであった。(27)

## チェルノブイリからフクシマへ

一九八六年四月二十六日に起きたウクライナ〔当時のソ連邦〕の原子炉事故〔チェルノブイリ原発事故〕の結果として、はじめてドイツの幅広い住民層に原子力に対するきわめて深刻な不安が蔓延することになった。一九八五年一二月一二日以来、ヘッセン州ではヨシュカ・フィッシャーが世界初の緑の党所属の〔環境〕大臣を務めていた。フィッシャーは、反原発運動の出身ではなく、のちにみずから認めた通り、当時はエコロジーに関する専門知識を持っていなかった。(28) それでも彼は、ヘッセン州で測定された放射能値の上昇についての正確なデータをすぐさま公表させ、他の州もそれに追随することになった。この点でフランスは異なっており——それ以来、お決まりのからかい言葉となるのだが——、放射能は独仏国境で途絶えると思い込んでいたのである。西ドイツでは、核技術を拒否する意見があっという間に多数派となったが、〔核技術を擁護してきた〕技術者たちのあいだにおいてもそれは同様であった。この成り行きは、デモだけから説明されるものではなく、核技術のリスクが現実的であったということ、そして、専門家集団のなかにこそつねに不信が潜在していたということから説明されるのである。

本来は森林に被害をもたらす排出ガスに対する闘争のために設立されたグリーンピース分派で

ある「ロビン・ウッド〔森林 Wood を隠れ家とするロビン・フッドとかけた名称〕」は、次のようなスローガンを唱えた。「『死んだ犬』〔死に体〕である原子力エネルギーには必要最低限だけかかわり合うことにして、われわれはとくにエネルギー供給の新しい構造に突破口を開く任務に専心しようではないか。(29)」しかし、再生可能エネルギーの可能性は、チェルノブイリ事故当時、その二五年後のフクシマ事故の時代に比べてまだかなり不確かなものであった。再生可能エネルギーが貫徹するには、技術的な専門知識や忍耐を要する開発作業、エネルギー供給者との協力などを必要とした。石炭への回帰は、少なくとも長期的視野では受け入れられないものであった。というのも、まさしくチェルノブイリの事故の年である一九八六年に、大気中の二酸化炭素濃度の上昇による地球温暖化を警告する、初のけたたましい気候警報が鳴り響いたからである。『シュピーゲル』誌は、一九八六年八月一一日に、有名かつ評判の悪い表紙絵を掲げたが、そこではケルン大聖堂が半分の高さまで水没しているのであった。こうしたことを考えれば、チェルノブイリの事故後、エネルギーの大転換がたちどころに起こらなかったのも、まったく驚くべきことではない。

それでもなお、チェルノブイリの長期的影響は著しかった。影響の大きさは、そこから時間的に隔たってはじめてはっきり見極めることができる。最初の犠牲となったのは、すでに建設段階で支持をかなり失っていたカルカーの「高速増殖炉」であった。(30)操業準備が整うやいなやこれが停止に追い込まれたことは、当時、わずかな注目を集めたにすぎなかった。しかし、このことによって核エネルギーは、はじめから魅力の中心をなしていたところの再生可能エネルギーとしてのカリスマ性を最終的に失ったのである。以後、西ドイツでは、原発はさしあたり稼働させておくものの、原子力は単なる「過渡的エネルギー」とみなされる、というのが公式のお決まりの表現となった。これが、当面の時間稼ぎのためのただの言い訳であったのかどうかははっきりしない。他方、「未来の原子炉」、すなわち高温ガス炉〔ドイツで発明され、燃料としてペブルベッドを用いる原子炉〕の開発も、産業界から大きな注目を浴びることなく中止されたが、[31] この原子炉は、潜在的に非常に高い固有安全性から、軽水炉を批判する多くの人々のあいだですら、長い間金の卵とみなされていたものであった。これ以後の代案は、もはや核技術の内部ではなく、その外部にのみ存在することになった。

当時の緑の党は——これもフクシマ後の状況とは異なるのだが——、内紛状態にあり、党にとって有利な時勢を総じて利用しきれなかった。また、一九九〇年には東西ドイツ統一に横やりを入れたことで、一時的に挫折を味わうことになり〔統一に批判的姿勢をとっていた緑の党は、九〇年の統一後の連邦議会選挙で議席を失った〕、多くの者はこれを緑の党の最期と思ったのだが、ドイツの再生可能エネルギーの振興は絶えず進んだ。再生可能エネルギーは、フクシマの時点ではすでにひとつの経済的勢力になっていたにもかかわらず、ごく最近まで、核エネルギーが本当に「死んだ犬」なのかどうか、はっきりしていなかった。それゆえ、核エネルギーに反対する陣営には、その後も抗議の潜在力が存続した。ただし、抗議の目標は、新しい原発建設の発注がなされない時代の行動可能性によって影響を受けていた。したがって、抗議は使用済み核燃料の（さしあたりの?）最終処分施設への輸送に集中することになったのである。

しかしながら、輸送への抗議に重点を置くことは、戦略的に正当化されうるのみならず、「核のゴミ」の放射強度が数千年続くことを考慮するなら、最終処分施設の問題の解決は結局のところ不可能であった。このことが、核エネルギーにとって始めから最も不快なジレンマであり続けたのだ。そして、このジレンマは再処理を通じても本質的には軽減されないということが、この間に明らかになってきた。のちに原子力の指導的主唱者となったローベルト・ゲルヴィンでさえ、一九六三年に、廃鉱となっていたアッセの岩塩鉱山が核の最終処分地に選ばれたとき、警告を発していた。「自分たちの子孫に、一〇世代後も担い続けなければならない重荷を課すことは厚顔無恥と言わねばならないだろう。」(32)（彼は当時、核のゴミを宇宙に射出するというソ連のアイディアを支持していたのだ！）アッセはいわばお手頃な選択であって、決して安全な最終処分地ではないという認識は(33)、世間の共有財産となった。

西ドイツのように人口密度の高い国では、最終処分をめぐるジレンマが、ロシアやアメリカ合衆国のような巨大な国においてよりも挑発的になるのは、当然のことであった。最近二〇年間のドイツの反原発運動の歴史は、これまでのところ書き始められてすらいない。そこで進んだ若返りのプロセスは、未来の歴史家たちの研究テーマである。そのプロセスにおいては、「ベテラン闘士」たちとの緊張関係も存在したのであり、彼らのなかにはチェルノブイリ後のいわゆる母たちの抗議運動を「ベクレルの運動」呼ばわりする者もいた（この母たちの運動は、放射能による飲食物の汚染を問題とした）。一九七〇年代には抗議者たちにとってほぼ唯一の標的であった核技術が、いまや環境活動家たちのあいだで他の多様な標的と競り合うことになっただけに、反原発運動の若返りプロセスは一層注目に値する。つまり、いまや原子力に対して抗議する者は、意識的にそれを選択したことになる。したがって、文献や神話形成のなかではヴィールやゴアレーベンよりも印象が薄いように見えるからといって、その後の抗議運動を一九七〇年代のそれの単なる補遺と評価するのは適切ではないだろう。

## 暫定的結論

ＡＥＧの老練な原発設計技師であるフリードリヒ・ミュンツィンガーは、一九五〇年代に原子炉建設に関するドイツ語の基本書を著し、すでに一九六〇年には次のように断言していた。「我が国の多くの人々は、いくつかの原子力研究所の設立に対する反応が示した通り、アメリカ人などよりも核の施設に対して不信の念を抱いている。(34)」しかしながら、予期に反して、ミュンツィンガーはこうした態度を「ドイツ的ヒステリー」として頭ごなしに叱りつけるのではなく、まったく理性的であるとみなしている。他方、彼は、「平和的な原子力」に対する諸外国の行きすぎた熱狂を「原子力精神病」と呼び、「平和的な原子力」というのは、「専門知識によって曇らされていない嘘八百」に他ならない数々の約束と結びつけられるのだと述べている[35]。ドイツ人がより懐疑的であるという事実は、彼にとって、ドイツでは技術問題において音頭を取るのが投機家ではなく技術者であることを示すしるしであった。実際、ドイツの技術者の歴史には慎重さの伝統が見出せるが、その伝統は、技術の「発展」を、強力に推進される「開発（development）」という意味より、むしろ進化という意味において理解してきたのである[36]。

こうして、原子力に対するドイツ的な懐疑は合理的に根拠づけられる。核技術が著しいリスクと結びついているという事実は、それを意識的に知ろうと思った者には、最初から分かっていたことであった。核兵器を保有する諸国は、莫大な費用をかけて軍事目的で建設された核分裂生成物製造施設に民生的意味を与え、そこに軍備費の一部を紛れ込ませるために、「平和的な原子力」を必要としたのである。西ドイツのような非・核保有国にとって、こうした動機は欠けていた。また、人口密度の高い国では、核の「残余リスク」を心配する根拠が、アメリカ合衆国よりもずっと多くあった。確かに、この二点は、日本のような国にも当てはまる。しかし、日本とは異なり、ドイツは豊かな石炭資源に恵まれていた。よりによってドイツ最大のエネルギー会社である

RWEは、ボンの研究省にとっては腹立たしいことに、一九六〇年代後半にいたるまで核エネルギーの推進にとって最強の抑止力として機能した。RWEは、ちょうど巨大な褐炭層を開拓したばかりであり、原子力をやっかいな競争相手としかみなしていなかったのである。[37]

折しも原子力の商業的成功の突破口が開かれた一九六七年以降の数年間に、万が一の場合、緊急冷却システムには確実な信頼を置けないことが明らかになった。しかし、すでに数十億が投資されたあとでは、もはやあとに引くこともできなければ、引こうという意志も見られなかった。専門家たちのあいだではもはや明確に表明されてはならなかった「残余リスク」をめぐる憂慮が、いまや世間に飛び火したのには、それなりの必然性があったのである。その際、ドイツ語圏は国際的に見て特殊な位置を占めていることが分かる。というのも、〔ドイツだけでなく〕オーストリアやスイスにおいても、一九七〇年代後半には原子力の批判者たちが徐々に世論を支配するようになり、核エネルギー技術の拡大を押し止めたからである。[38] このことは、アルプスの国〔スイスとオーストリア〕の多くの自然保護運動家たちが、原子力に対してもともと好意的であった――美しいアルペンの渓谷をぶち壊しかねない水力発電所計画に反対する論拠として原子力は有用だった――だけに、なおさら注目に値する。アルプスの住民たちには、確かにノスタルジーへの特別な傾倒が見られたかも知れないが、ヒステリーの傾向はほとんど見られなかった。「ジャーマン・アングスト〔ドイツ的不安〕」――数十年前から反原発運動に対する嘲笑的なコメントに定番の駄洒落である――を揶揄することは、歴史に対する無知の証である。[39] 一九七〇年代に反原発の抗議運動が発展を見せたとき、原子炉事故は眼前になかった。つまり、最初にあったのは情報であり、パニック的な不安ではなかったのだ。また、のちにしばしば主張されたのとは異なり、反原発運動に最初のきっかけを与えたのは、大衆メディアのセンセーショナルな報道でもなかった。大抵のメディアは、ヴィールの建設現場の占拠後にはじめてこのテーマに飛びついたのだった。[40] メディアの流行は時代の制約を受けるが、逆に反原発運動は、その根強さによって繰り返しひとを唖然とさせた。反原発運動は、メディアによるパニック醸成から生まれたわけではないのと同様、全体として見れば、特定のグループの利害やイデオロギーや言説に由来するものでもないのである。

反原発闘争の背後にデイヴィッド・ブラウワーやバリー・コモナー（一九一七年―）といった権威が控えていたアメリカ合衆国と比べると、ドイツの運動には、カリスマを持った指導的人物がいなかったことも目を引く。そのかわりに、重要なきっかけを作った抗議運動のパイオニアの非常に多くが、その後再び忘れ去られてしまったことに驚かされる。ギュンター・シュヴァープ、カール・ベヒャート、ホルガー・シュトローム、イェンス・シェーア、マンフレート・ヴュステンハーゲン、ヘルベルト・グルールしかり、連邦研究省が組織した「核エネルギー市民対話」の発起人のひとりであり、一九七七年の懺悔と祈りの日（同年は一一月一六日であった）にハンブルクのペトリ教会の階段上で抗議のために焼身自殺したあのテュービンゲンの教師、ハルトムート・グリュントラーしかりである。(41) ローベルト・ユンクは、抗議運動の最盛期になってはじめてその先頭に立ったにすぎない。反原発運動は、マックス・ヴェーバーの「カリスマ的指導者」理論によってはあまり説明できないし、ロナルド・イングルハートの言うところのポストモダンかつポスト物質主義的な価値変化や、それに立脚する「新しい社会運動」理論〔主に七〇年代以降に展開した、政党や既存の制度の外部で社会の改革を目指す運動についての理論〕——これは、官僚化の傾向と緑の党によってとっくに否定された——によってもほとんど説明することができない。

こうした理論のすべては、特定の瞬間のスナップショットによってのみもっともらしくなるが、抗議運動をより大きな時間的枠組のなかで見ると、もはや説得力を持たないのだ。この数十年の間に原発批判が生み出した膨大な数の文献を読み通すなら、古い啓蒙における進歩思想の盲点を出発点とした新しい啓蒙〔としての反原発運動〕について語っても行きすぎではない。(42) 反原発運動は、それを抽象的なモデルに無理矢理当てはめようとするならば、理解できない。ひとはその運動が問題にしていることに向き合うときにのみ、それを理解するのである。

## 原注

（1）これについては、以下を比較参照せよ。Joachim Radkau, *Die Ära der Ökologie – Eine Weltgeschichte*, München 2011, S. 209–229 und S. 364–384.（ペーパーバック版 bpb-Schriftenreihe, Bd. 1090, Bonn 2011）.

（2）Thomas Raymond Wellock, *Critical Masses: Opposition to Nuclear Power in California, 1958–1978*, Madison/Wisconsin 1998, S. 17–67.

（3）Vgl. Michael Bess, *The Light-Green Society: Ecology and Technical Modernity in France, 1960–2000*, Chicago 2003, S. 88ff.

（4）Vgl. J. Radkau (Anm. 1), S. 143ff., 611f.

（5）Vgl. Holger Strohm, *Friedlich in die Katastrophe: Eine Dokumentation über Kernkraftwerke*, Hamburg 1973.

（6）Vgl. Joachim Radkau, *Aufstieg und Krise der deutschen Atomwirtschaft 1945–1975. Verdrängte Alternativen und der Ursprung der nuklearen Kontroverse*, Reinbek 1983, S. 446ff.

（7）「故障原子炉」どころか「ガラクタ原子炉」とまで言われたヴュルガッセンについては、以下を参照。*Neue Westfälische* 11. 11. 1994 (Dirk Müller: „Stillegen").

（8）Vgl. Hartmut Albers, *Gerichtsentscheidungen zu Kernkraftwerken* (Argumente in der Energiediskussion, hrsg. von Volker Hauff, Bd. 10), Villingen 1980, S. 83.

（9）これと続く部分については以下を参照。Dieter Rucht, *Von Wyhl nach Gorleben. Bürger gegen Atomprogramm und nukleare Entsorgung*, München 1980, S. 81ff.

（10）その理由づけは原注（8）の文献の59頁に見られる。

（11）Vgl. J. Radkau (Anm. 6), S. 376ff.

（12）以下から引用。Werner Abelshauser, in: Ders. (Hg.), *Die BASF – Eine Unternehmensgeschichte*, München

2002, S. 514.

(13) Vgl. David Okrent, *Nuclear Reactor Safety. On the History of the Regulatory Process*, Madison/Wisconsin 1981, S. 296.

(14) Ernst Bloch, *Das Prinzip Hoffnung*, Bd. 2, Frankfurt 1973 (urspr. 1959), S. 768–775.（エルンスト・ブロッホ、山下肇他訳『希望の原理　第二巻』白水社、一九八二年）

(15) 以下より引用。Silke Mende, *„Nicht rechts, nicht links, sondern vorn": Eine Geschichte der Gründungsgrünen*, München 2011, S. 263.

(16) 最も心を打つ自伝的証言のひとつは、日記の記録からなる次の著作である。Hans Christoph Buch, *Bericht aus dem Inneren der Unruhe – Gorlebener Tagebuch*, Reinbek 1984 (urspr. 1979).

(17) 鍵となる資料として以下を参照せよ。*Das Veto. Der Atombericht der Ford-Foundation*, Frankfurt 1977（アメリカ版の原題は、*Nuclear Power. Issues and Choices*, 1977）.

(18) Vgl. Anselm Tiggemann, *Die „Achillesferse" der Kernenergie in der Bundesrepublik Deutschland: Zur Kernenergiekontroverse und Geschichte der nuklearen Entsorgung von den Anfängen bis Gorleben 1955 bis 1985*, Lauf an der Pegnitz 2004（この書は、八七三頁にも及び、このテーマに関するこれまでの研究では抜きん出て包括的なものである）。

(19) Vgl. Deutsches Atomforum (Hg.), *Rede – Gegenrede. Symposium der Niedersächsischen Landesregierung zur grundsätzlichen sicherheitstechnischen Realisierung eines integrierten nuklearen Entsorgungszentrums*, Hannover 1979.

(20) Vgl. J. Radkau (Anm. 1), S. 370f.

(21) Vgl. Cornelia Altenburg, *Kernenergie und Politikberatung. Die Vermessung einer Kontroverse*, Wiesbaden 2010.

(22) Vgl. *Zukünftige Kernenergie-Politik. Kriterien – Möglichkeiten – Empfehlungen. Bericht der Enquête-*

*Kommission des Deutschen Bundestages*, Bonn 1980.

(23) Vgl. Dieter Rucht, The impact of anti-nuclear power movements in international comparison, in: Martin Bauer (Hg.), *Resistance to new technology: nuclear power, information technology and biotechnology*, Cambridge 1995, S. 277–291.

(24) Vgl. Ilona Stölken-Fitschen, *Atombombe und Geistesgeschichte. Eine Studie der fünfziger Jahre aus deutscher Sicht*, Baden-Baden 1995, S. 205ff.

(25) Vgl. Martin Held (Hg.), *Wiederaufarbeitungsanlage Wackersdorf. Befürworter und Kritiker im Gespräch. Beiträge und Ergebnisse eines wissenschaftlichen Kolloquiums vom 12. bis 14. Mai 1986*, Tutzing 1986.

(26) Vgl. Constanze Eisenbart/Dieter v. Ehrenstein (Hg.), *Nichtverbreitung von Nuklearwaffen: Krise eines Konzepts*, Heidelberg 1990.

(27) Vgl. Joachim Radkau, Hiroshima und Asilomar. Die Inszenierung des Diskurses über die Gentechnik vor dem Hintergrund der Kernenergie-Kontroverse, in: *Geschichte und Gesellschaft* 14 (1988), S. 329–363.

(28) Vgl. Joschka Fischer, *Mein langer Lauf zu mir selbst*, Köln 1999, S. 33.

(29) Reiner Scholz, *betrifft: Robin Wood. Sanfte Rebellen gegen Naturzerstörung*, München 1989, S. 34.

(30) Vgl. Klaus M. Meyer-Abich/Reinhard Ueberhorst (Hg.), *AUSgebrütet – Argumente zur Brutreaktorpolitik*, Basel 1985.

(31) Vgl. Ulrich Kirchner, *Der Hochtemperaturreaktor. Konflikte, Interessen, Entscheidungen*, Frankfurt 1991.

(32) 以下より引用。J. Radkau (Anm. 6), S. 352f.

(33) 私はこのことをすでに一九七〇年代に資料のなかに見つけ出していた。Ebd., S. 302.

(34) Friedrich Münzinger, *Atomkraft. Der Bau ortsfester und beweglicher Atomantriebe und seine technischen und wirtschaftlichen Probleme*, 3. Aufl. Berlin 1960, S. 236.

(35) Ebd., S. 242, 236.

(36) Vgl. Joachim Radkau, *Technik in Deutschland. Vom 18. Jahrhundert bis heute*, Frankfurt 2008, S. 184ff.

(37) Vgl. ders., Das RWE zwischen Braunkohle und Atomeuphorie 1945–1968, in: Dieter Schweer/Wolf Thieme (Hg.), *RWE – „Der gläserne Riese“: Ein Konzern wird transparent*, Essen 1998, S. 188–194.

(38) これについては、Lutz Mez (Hg.), *Der Atomkonflikt. Berichte zur internationalen Atomindustrie, Atompolitik und Anti-Atom-Bewegung*, Berlin 1979 に収められた同時代人たち（オーストリアについてはエーリヒ・キッツミュラー、スイスについてはルードルフ・エッペレ）の論文を参照せよ。

(39) Vgl. Joachim Radkau, Mythos German Angst. Zum neuesten Aufguss einer alten Denunziation der Umweltbewegung, in: *Blätter für deutsche und internationale Politik* Jg. 56 (2011) 5, S. 73–82.

(40)『シュピーゲル』誌については以下を参照。Joachim Radkau, Scharfe Konturen für das Ozonloch: Zur Öko-Ikonographie der Spiegel-Titel, in: Gerhard Paul (Hg.), *Das Jahrhundert der Bilder. 1945 bis heute*, Göttingen 2008, S. 535f.

(41) Vgl. Frank Keil, Flammende Wahrheit – Die Geschichte von Hartmut Gründler, der sich 1977 aus Protest gegen die Lügen der Atomindustrie selbst verbrannte, in: *Die Zeit* 20. 4. 2011.

(42) このことは、すでに二五年前のチェルノブイリの時代にも当てはまった。Vgl. Joachim Radkau, Die Kernkraft-Kontroverse im Spiegel der Literatur. Phasen und Dimensionen einer neuen Aufklärung, in: Armin Hermann/Rolf Schumacher (Hg.), *Das Ende des Atomzeitalters? Eine sachlich-kritische Dokumentation*, München 1987, S. 307–334.

# 核エネルギーの歴史への問い
## ――時代の趨勢における視点の変化（一九七五―一九八六年）

一九七三年末に第一次石油ショックの未だ生々しい印象のもとで核技術の歴史研究に取り組み始めたとき、私には何よりも核技術開発の歩みの遅さが解明されるべき最大の謎に思われた。私は、この歩みの遅さの原因は、民間経済が行う利潤追求の先見性のなさと、新しいテクノロジーがもたらす挑戦に対する西ドイツ政府機関の反応の鈍さに求められるのではないかと疑った。当時の書籍市場には、核技術に対する批判的文献は――少なくとも一見したところ――どこにも見出せなかった。私の子ども時代――一九五〇年代――からすでに、原子力は未来のエネルギーであり、この未来への可能な限り素早い飛躍を敢行することが知性の要求である、ということが私にはまったく明白なものに思われていた。電力需要は恒常的に伸びるだろうと予測できたし、ドイツ産の石炭はとっくに高騰していた。中東の石油は、政治的危機や近い将来の枯渇の危機によって脅かされていた。そのうえ、原子炉は環境汚染の心配が比較的ないものとみなされ、原子物理学における画期的発見という科学の進歩の論理的帰結であったのだ。こうした重層的決定を前にして、核エネルギーが必然的にやって来るであろうことを、どうしたら疑えたであろうか。そもそも、核エネルギーはとうにやって来ていなければならなかったのだ。五〇年代にはすでにそこにあるのも同然のように思われた。それなのに、なぜ核エネルギーは、第一次石油ショック時にいまだ何の役目も果たさなかったのだろうか。

折に触れて、このような自明性や期待感に立ち戻ってみることは役に立つ。かつてひとはこうした自明の感覚で核エネルギーを待ち望んだのであり、その期待感は、一九七〇、八〇年代に育った人々にはもはやほとんど実感として理解できない。原子力をめぐる対立には、現在の状態だけではなく、原子力の歴史をも再検討する根拠がある。しかし、再検討に際して、ひとは時折次のように自問しなければならなかった。いまとなってみればあまりに難しく考えすぎたのではないか、そして、いかがわしい権力や複雑な陰謀や、ひねり出されたシステムを不当なほど探し求めたのではないか、と。実際は、すべてがもっとあっさりとして、はるかにありふれていたのではないだろうか。そして、原子力政策の問題は、リスクを伴う核技術に、非常に単純な従来通りの自明のやり方で参入したことと関係してはいないだろうか。

しかし、物事はやはりそう単純ではなかった。歴史という背景の前では、「原子力」への期待の自明性こそが説明を必要とする。私が原子力に対して抱いた苛立ちは、五〇、六〇年代の改革・近代化世代の典型的な流儀を反映していたが、その世代は、科学と技術の進歩に対する西ドイツの政府当局の不十分な対応を批判せねばならないとたびたび思ったのである。こうした政府当局への不満は、ドイツ社会民主党（SPD）からマルクス主義的生産力論の理論家まで、ヴェルナー・ハイゼンベルク[*1]からエルンスト・ブロッホまで[*2]、それどころかキリスト教社会同盟（CSU）に集う人々から『シュピーゲル』誌にまで共有されていた。[(1)] その後、原子力施設に対する抗議運動が、核エネルギーの歴史をかなり突然にまったく別の光で照らし出した。この観点もまた時代の制約を受けていたものの、それまで日陰にあった歴史の輪郭を際立たせることになった。反原発運動は、その敵対者について根本では曖昧なイメージを持ち、資本や国家、科学や軍など様々な標的を敵として吟味したので、原子力に向けられたサーチライトは固定的ではなくて模索的であった。公共の場での対立は、その都度歴史への新しい問いに駆り立てた。そして、対立に伴って問いが更新され続けることが、歴史の輪郭を多次元的にしたのである。当初、西ドイツの核エネルギー開発の歴史はかなり単純に、つまり、主役としてのドイツ原子力委員会と、転機としての四つの原子力プログラムによって描かれうるように思われた。しかし、時が経つにつれ、核エネルギーの歴史を語りながら提示することは、多くの未解決の問いに対する答えを要求する極めて作為的な試みになった。始まりはどこなのか。どれが行為者で、彼らの動機はどこにあるのか。どこが出来事の最も重要な場所で、どこに筋書きの主軸があるのか。どこに決定的な状況と決定的なプロセスがあったのか。全体のテーマは一体何だったのか、そしてそれは結局どのような結果になったのか。これらの問いへの答えは、きっぱり確定しているわけではない。未来は開かれているため、その結末がすでに知られている大昔に起こった出来事の場合より、はるかに多元的な視点が必要とされるのである。〔以下では〕現在の混乱状態のなかで、どのように歴史もまた新たに発見されうるのかを、いくつかの点に即して示すことにしたい。このことは、いくつかのより新しい研究成果や未解決の問いに言及する機会となるだろう。

## 1　原子力施設に対する抗議運動に前史はあるのか、そして、それはどのようなものなのか

すでにかなり以前から、住民の大半は原発に対する抵抗をノーマルでごく当たり前のものとして受け止めている。だからこそ、一九七五年二月一八日にはじめてヴィールの原発建設予定地が占拠されたとき、西ドイツの世論がどれほど強く驚かされたかということを思い起こす必要がある。確かに、回顧すれば、すでに何年も前から抵抗が生じていたことが見て取れる。(2) しかし、一九七五年以前には、そうした不満を西ドイツ史上最大の抗議運動の純然たる序曲として把握するのは容易ではなかった。今日にいたるまで、この抗議運動の社会的構成や情報伝達のネットワーク、展開のダイナミズムについて、幅広く根拠づけられた研究は存在しない。それ以前の先駆的

な諸運動との明白な直接の連続性もまた存在していない。一九六八年の学生左翼が原子力施設に対する抵抗運動を考え出したのではなかった。一九六七年に西ドイツ最初の商業用原発が発注されたが、そのことは当時まさに膨れあがりつつあった学生の反対運動からはまったく注目されないままだった。学生運動が衰退したのちになってはじめて、原発に対する抗議が集結したのだ。ヴィールの事件ののち、すぐさま多くの人々は原発への抵抗運動をマルクス主義的に根拠づけたが、マルクス主義はそれ自体から原発批判へと駆り立てることはなかった。それどころか、市民運動でさえ、さしあたりは知覚に訴える目標にのみ向けられ、放射線という目に見えない危険には向かわなかった。また、西ドイツ連邦軍の核武装に対するかつての抗議運動と、民生用原子炉に対する抵抗とのあいだには、直接の関係はほとんどない。すなわち、この二つの運動のあいだには時間的な隔たりがあり、七〇年代の抗議グループの大半は、当初、「核兵器」というテーマに奇妙なほどわずかな関心しか示さなかったのである。ヴィールの抵抗運動は、その始まりにおいてはむしろ農民の抗議運動の伝統に属しているように見えた。のちになって反原発派は、八〇年代以降に「新しい社会運動」と呼ばれるようになる筋書きにおさまるようになった。しかし、この新しい流行のテーマは、原子力施設に対する抗議運動の特殊な前史への問いから関心を逸らせてしまうのだ。

それとも、そうした特殊な前史などまったく存在しないのだろうか。ところが、少なからぬ状況証拠が、原子炉建設が最初から幅広い住民層に不安を呼び起こしていたことを示唆している。(3)長い間はっきり表明されることのなかった潜在的な拒否的態度の連続性が、住民——とりわけ女性たち——のなかに明らかに存在していた。その限りにおいて、やはり原発への怖れは原爆への不安と関係しているのだ。五〇年代の原子力への陶酔は、一般の雰囲気の忠実な反映というよりは「公表された見解」であった。沈黙する大多数に対する防御的姿勢を示す要素は、すでに五〇、六〇年代の原子力政策のなかに感じ取れる。ケルン周辺の住民が、そこに建設予定であった原子力研究センター——のちの原子力研究施設ユーリヒ——に抵抗したことや、ハルトヴァルトに移設されたカールスルーエの原子力研究センターに対して地元の自治体が抵抗したこと（一九五六／五七年）は、当時、全国的なメディアでは一般にあまり真剣に受け止められなかった。しかしながら、長年『原子力経済』誌の編集長であったヴォルフガング・D・ミュラーが最近出版した西ドイツの核エネルギーの初期史に関する包括的叙述は、こうした出来事をより綿密に見る意義があることを示している。つまり、近づいて見ると、そうした出来事は決して世間から隔絶したものではなかったようなのだ。それだけにまた、いつもは非常にセンセーションを好むメディアが、一九七五年以前には核技術のリスクにごくわずかな注意しか向けなかったという事実に驚かされる。(4)あらゆる世論操作説にもかかわらず、私たちの時代にもまだ、メディアにほとんど影響されることのない世論の層が明らかに存在しているのだ。七〇年代半ばから世間の注目を浴びた反対論拠の多くは、そのかなり以前から流布していた。オーストリアの自然派作家で、「生命保護世界連盟」の創設者であるギュンター・シュヴァープの小説『明日、悪魔が君を呼びにくる』（一九六八年）は、すでに原子力についての練り上げられた賛否両論を提示していた。もっとも、それは地獄の悪魔たちのあいだでの議論であって、その当時まだ地上ではその種の公聴会は存在しなかったのであるが。

反原発運動には、このような潜在的な前史しか存在しないのだろうか。理念とヴィジョンの歴史に固有の弁証法を認めるならば、一九七〇、八〇年代の抗議運動のなかに、部分的には五〇年代の原子力への陶酔の弁証法的な継続を見て取ることができる。というのも、抗議者たちが行っていたのは、基本的に当時宣言されていた理想、つまり、平和的で、安価で、環境を汚さず、世界中どこでも利用できるエネルギー源という理想を、現実に存在する原子力産業に対して批判的に差し向けることに他ならなかったからである。ちなみに彼らは、原子力が自分たちの社会の中心テーマであるという確信——議論の余地のある一見解——を、原子力への心酔者たちと共有していた。

これまでのところはっきりしないのは、西ドイツの反原発運動が——ドイツの環境運動全体と同様に——アメリカ合衆国におけるその先駆者といかなる関係にあったのかということである。スリーマイル島の事故以前は、ドイツの抗議グループは、アメリカの出来事をそれほど気にかけていたようには見えない。しかし他方では、最初の最も包括的な反原発ハンドブックであるホルガー・シュトロームの著書『平和的に破滅に向かう』(一九七三年初版)は、すでに一九七〇年頃に始まっていたアメリカの「核エネルギー論争」を糧としていた。西ドイツ最初の原発の発注は、一九六五/六六年のアメリカにおける発注ブームに強く触発されていた。しかし、一九七四年にはアメリカでの発注は中断し、その後、発注済みのものでさえキャンセルされた。西ドイツは原子力問題において非常に強くアメリカを志向していたので、アメリカの方向転換はドイツ人にも強い印象を与えずにはおかなかった。ドイツの原発反対者は、その大半が当初意識していた以上に国際的な潮流のただなかにあったのだ。だが、この大西洋を横断する伝達が個々のケースでどのように作用したのかは、これから研究されねばならないことである。

## 2　歴史を再検討するきっかけとしての核技術の安全性の問題

もし、公共の場における大論争が存在しなかったならば、またひとが核技術のリスクについて何も知らないならば、西ドイツの原子力政策の歴史を通じて「安全」というテーマの重要性にそう容易に出くわすことはないだろう。いずれにせよ六〇年代末までは出会わないはずである。核エネルギーへの参入と、そこで追求される技術的なコンセプトに関する根本的な決断に際して、安全性をめぐる検討は目立った役割を果たさなかったのである。ハイゼンベルクが原子力研究センターをカールスルーエに建設することに懸念を表明したように、環境に対する憂慮は折に触れて口にされたが、そうした憂慮は少なくとも決定を担う人々にとっては単に駆け引きの機能を持つにすぎなかった。(5) 核エネルギー政策は、一般にごく普通の政策のような印象を与えており、この新種のテクノロジーにふさわしい高水準の合理性や責任感を伴っていないのだ。確かに、ボンでは、その当初から、原子力が他の政策領域とは異なっていることが意識されていた。とりわけ外交上、原子力分野は、原爆との近さのために非常に繊細な問題だとみなされていた。連邦原子力省は、[*3] アデナウアー時代の通例だった実用主義的な政治スタイルに見合う以上に、科学の専門家に助言を求めた。しかし、新しい圧倒的な未来の展望にのぼせ上がっていた原子物理学者たちは、安全性の懸念に重きを置くのに適した人たちではなかった。核技術のリスクに関する専門家はドイツにはいなかった。原子力擁護者がのちになって、核技術では最初から安全性に最大限の注意が払われていたと主張したならば、それは明らかに間違いである。この案件にふさわしい、実践上の有効性を持つ安全意識は、歴史的プロセスならびにとりわけネガティヴな諸経験を通じて形成されねばならなかったのだ。確かに原子力省には、一九五八年以来、原子炉安全委員会が存在した。しかし、W・D・ミュラーの新しい叙述も、政治の営みにおける原子炉安全委員会の微妙な立場を強調している。さらに悪いことに、多くの専門家たちには、安全のための予防措置について学び取ろうという特別の心構えすらなく、彼らはむしろ「当初予定された安全対策は、のちには、大げさで――その問題に関する詳細な知識が得られれば――不要かつ費用のかさむものであると証明されるだろう」という期待を抱いていた。(6) しかしながら、今日の観点からするならば、当時の安全性の要求はどのみち十分すぎるほど控えめだったのである。

それにもかかわらず、すでに核技術の創成期に、そのリスクの大半を大まかに認識することは十分に可能であった。たとえば、核の拡散の危険や、「核のゴミ」の問題、エネルギーの集中と爆発の危険を伴う大型原子炉内の核分裂生成物に存する甚大な潜在的危険といったリスクである。(7) 七〇、八〇年代の議論のいくつかは、少なくともある程度はアメリカ科学者連盟のメンバーのあいだで、ヒロシマの直後からすでになされていた。(8) そして、アメリカ原子力委員会の原子炉安全諮問委員会が行ったリスクの検討のなかで、一九六六年頃にひとつの「革命」が起こった。つまり、いまやひとは、原子炉圧力容器の破壊をもたらす炉心溶融を、対策を取る必要のある現実的可能性として視野に入れたのだった。(9) この変化は当面、秘密裏に進行した。というのも、七〇年代全般を通じて、ドイツの公式の原子力擁護論では、炉心溶融は非現実的な不測の故障事故とみなされていたからである。スリーマイル島の事故(一九七九年)後でさえ、原子力の擁護者たちは、その事故で部分的に炉心溶融が起こったということを長年にわたって否定したのだった。

こうして次のような問いが興味をそそるものとなる。初期の核エネルギー開発の決定を担った人々は、この技術の測り知れない側面——それは当時すでにこの題材に精通していた者には見逃しようがなかった——に対し、一見すると気がつかないけれども、何らかの反応をしたのかどうか、という問いである。事実、保険会社は原子炉のリスク全体に対して補償責任を負おうなどとは毛頭考えていなかったのであり、早い時期に原子炉を発注した企業にとって、国家がリスクを限定することは、国家が財政補助をすることと少なくとも同じくらいに重要なことであった。[10] よく見てみるならば、核エネルギー開発の少なくない過程が、不安に対して防御し、未知のものを巧みにやりすごし、責任を拡散させる要素を含んでいる。原子力の歴史は、こうした観点から総括的に要約し直すに値する。[11] 原子炉コンセプトの選択の際に見られる著しい技術的保守主義もまた、いま述べた不安防御の戦略に数え入れることができる。つまり、リスク意識が高まるにつれ、ひとは新種の原子炉構造を用いたあらゆる実験にますます尻込みするようになり、国際的に普及している炉型を優遇したのである。それらの炉型は、必ずしも最も安全というわけではなかったが、そこでは責任が広く分散していて、万が一何かが上手くいかなくても、ひとは世界的な「コミュニティ」によって守られていた。リスクから守られたいという欲求は、核技術においてドイツ固有の特徴を求めようとする、さしあたりは部分的に断固たる努力と矛盾しながら押し通されただけに、いっそう注意を引く。

「ドイツの道」についてのイメージは、まずは重水炉・天然ウラン原子炉[12]に、のちにはペブルベッド・高温ガス炉に、(13) 六〇年代末にはさらに、ドイツの原子炉技術の特別な信頼性を明示するための大都市近郊の原発建設に集中した。しかしながら、この三つのケースすべてにおいて、ドイツの原子力産業は最後には撤退を余儀なくされた。とりわけ、ルートヴィヒスハーフェンとマンハイムのあいだの人口密集地域のすぐそばにBASF*4が計画した原発建設は、それまでタブーとされていた「残余リスク」について考慮するように強いた。(14) しかしながら、この議論は、その内的論理によって、あまりに密接に原子力産業と結びついていた専門家集団の外に出ることになった。核技術に固有のダイナミズムと並んで、核のリスクに関するコミュニケーションに固有のダイナミズムもなかったのかどうか、そして、七〇年代初頭の抗議運動の登場は、集団心理に帰されるのではなく、本質的にこのダイナミズムから説明されるのではないかということは、熟考に値する。政治運動の歴史から反原発抗議運動を演繹することの上述の困難は、このことを示唆しているのかも知れない。

核技術の歴史には、七〇年代に不当にも抑圧されてしまった「安全哲学」が存在する。この点に関して、「安全」というテーマへの歴史的アプローチは、あちこちで模範的なものを明るみに出すことができる。核エネルギーの初期の時代、すなわち、まだ既成事実が存在せず、億単位の投資を擁護する必要のなかったときには、のちの時代に比べて安全性の問題についてより偏見なく語ることができた。当時はまだ、固有の安全性を備えた原発が目標とされていた。この原発では、重大な惨事はすでにその構造によって自然法則上排除されており、つまり、その安全性は外的な予防措置の機能性には依存していなかった。七〇年代になると、こうした安全性のコンセプトは、いかがわしくユートピア的なものだとみなされ、「固有安全性」という概念は原子力業界の用語から追放された。しかし、遅くともチェルノブイリ（一九八六年）以降、この「安全哲学」は名誉を回復した。ただし、それは部分的には、実践的で真面目な動機というよりは、むしろプロパガンダ的な動機からなされたのであった。この転換によって、核技術の抑圧された歴史が、同時に未来を指向する新たな力を得た。すなわち、それまでは核技術の忘れられたオルタナティヴを思い起こす価値などないという意見が支配的であったが、チェルノブイリ後には、専門家内でかつての炉型をめぐる議論が再び堅実なものとみなされるようになったのである。

原子炉の破裂をもたらす事故を完全に排除することはできないという現実的な仮定から出発した場合、そうした大惨事がもたらす結果を限定することに頭を悩まさねばならなかった。もっとも、この単純な考察は、七〇年代を通じて専門家間ではタブーであった。「事故結果限定の哲学」は、あってはならなかったのである。それにもかかわらず、「ズーパーガウ」[*5]についての懸念のために、責任ある立場にあった少なからぬ人々は、気持ちの安らぐことがなかったようだ。増殖炉開発の長年の指導者であったヘーフェレは、一時、増殖炉の巨大なバッテリーを人口密集地域から遠く離れたケルゲレン諸島[*6]に配備するという珍妙な思案をめぐらしていた。しかしながら、西ドイツの原子力産業の一部は、正反対の目標を掲げていた。すなわち、原発をドイツの諸都市に広めるという目標である。西ベルリンやフランクフルト[15]の計画は、世間に知られる前に頓挫した。それに対して、ルートヴィヒスハーフェン近郊のＢＡＳＦ[16]の計画は具体的な段階にまで進み、原子力「コミュニティ」の大半は、長年にわたりこの野心的な計画を強固に支持していた。連邦研究省所属のある人物は、一九六九年に原子炉安全委員会で次のような指摘を行った。「ＢＡＳＦの敷地に原発を建設することは、世界中の工業国にとって先例となり」、「ドイツのための独自の『安全哲学』」を作り上げることを余儀なくする、と。[17]しかし、同時期にアメリカの軽水炉に唯一の成功の道を見出したと信じられていたとするならば、ドイツ独自の「安全哲学」はどのような様相を呈したのだろうか。当時、地下に原子炉を建設する方法が一時的に検討された。つまり、事故結果を限定するコンセプトである。この解決策は、人口密度の高い西ドイツでは模範的な空間的距離基準を満たせないことを埋め合わせる格好の代案であった。原子炉安全委員会のなかでは、一時、地下工法への賛成が多数派を占めた。しかし、指導的な企業はこの種のアプローチを妨害し、こうした光景は、その後何度も繰り返されることになった。スリーマイル島事故後に地下工法が再びより強力な支持を得たとき、ＫＷＵ（クラフトヴェルクウニオン）[*7]のスポークスマンは、許可行政庁が地下工法を検証するための原型炉にこだわるだけでも、我々は原発の建設から撤退するであろう、とほのめかした。[18]そうした検証はすでに、容易に拘束力を持ちうる新しい「技術の水準」を意味しただろう。地下工法のコンセプトの運命は、核技術の歴史における興味深い抑圧過程のひとつであり、この過程は対立をはらんだ状況の解明に際して、より深く掘り下げる歴史的アプローチの有用性を示している。(19)しかしながら、これらすべてにもかかわらず、言説史レベルの事象しかそこでは扱われていないことを忘れるべきではない。ここでもまた歴史家は、言葉と行動とのあいだの差異に対するみずからの嗅覚を鍛えねばならない。つまり、安全哲学の歴史は、現場における現実の安全予防措置の歴史と同一ではないのである。基本コンセプトが問題であった限り、現場には「哲学」ではなくて原発建設の経験に由来するいくつかの原則が存在した。そして、ひとはその原則に――コンピュータによる確率計算にはほとんど感銘を受けることなく――頑固にしがみついていたのだ。(20)原子炉設計の細部には、年月とともに疑いなく数多くの改善がなされた。すなわち、経験や、とりわけ事故からの学習が確かになされ、それが原子炉の安全性を相当に高めたのである。しかし、その学習過程は、通常は公開されなかった。というのも、もし公開されれば、否応にも初期の原子炉の性能が疑わしくなっただろうからである。それどころか、一九七三年にＲＷＥ*8の事務総局では、安全予防措置の増大を歴史的に回顧しないようにはっきりと警告された。(21)公式には、原発の安全性は最初からあらかじめ保証されていたのだ。だが実際には、ここでもひとは――技術史ではつねにそうであるように――試行錯誤を通じて学んだのである。しかし、そのことを認めてはならなかったのだ。というのも、原発周辺の住民は、実験のマウスになりたくなかったからである。[22] 原子炉の安全性との──言葉のうえだけでない──現実の取り組みの歴史は、その大半がまだこれから書かれなくてはならないものである。実際に起きた原子炉事故の原因を見極めることはしばしば難しく、またその事故から原発の経済性に甚大な影響を与えないような結論を引き出すことはさらに難しかっただけに、これから書かれるその歴史は、ますます手に汗握るものになるだろう。スリーマイル島とチェルノブイリは、確かに原子力産業にとって──それが外部に対して認めた以上に──重大な衝撃を意味したのであり、「コミュニティ」内部でも学習過程を引き起こした。[23] しかし、ひとは、スリーマイル島とチェルノブイリのような大惨事は西ドイツでは起こりえず、またいまだかつて起こる可能性があったこともないと公式に主張していたため、この学習過程を公開することを好まなかったのである。

七〇年代後半以来、とりわけスリーマイル島の事故後に、リスクをめぐる議論で前面に出てきた新しい特徴的なテーマのひとつは、「リスク要因としての人間」であった。これは本来、技術の安全性に関する議論の最古のテーマであった。しかし、多くのひとはさしあたり、核技術にほぼ完全なオートメーションと人間の不完全性の排除という幻想を結びつけていた。専門家たちは、「人間」というテーマを殊更に好みはしなかった。というのも、それは他のどのテーマにも増して、原子炉の安全性に対する専門家のアプローチの限界を明らかにしたからである。スリーマイル島とチェルノブイリの事故後にようやく、「事故要因としての人間」が好んで言及されるようになった。なぜならば、それは大惨事の原因について、技術の不完全性から注意を逸らす説明を提供したからである。それに対して、批判者たちは、人間は改善されえないという前提のもと、いまや「過失に寛容な」「ミスを許容する」技術という理想を宣言した。しかし、これまでの核技術は、一定の限度内においてしかミスを許容せず、経営者側にある程度の善意を前提しているのである。核技術についてこれから書かれるべき社会史は、とりわけ従事者の職業倫理と、労働モラルや注意力がどのように長期にわたって維持されるのかという問いに注意を払うべきであろう。これもまた、原子力問題を通じて歴史に投げかけられた問いの新しさと、そのために必要な手法の、ときに探偵的な性質を示唆しているのだ。

リスクというのはつねに開発速度の問題である。最初に告白した通り、私は西ドイツの核エネルギー開発の速度をかつては遅すぎると思っていたし、そうした私の苛立ちは近代化世代全体の考え方に相応していた。根底には、技術史の諸経験というよりは未来への展望に基づく推論があった。この推論はまた、新しい科学的な発見がますます素早く技術革新に転化し、新しい技術がもはや経験ではなく理論に基づくのが現代という時代の法則である、という前提に立っていた。増殖炉計画の歴史は、この想定が疑わしいものであることをこのうえもなく劇的に示した。(24) 過去を背景にして核エネルギーの歴史を考察し、その経験の基礎の信頼性を調べた途端に速度の基準は急変した。いまや開発のテンポは速いもの、いや、性急な印象を与えることになったのだ。六〇年代に他の原子炉路線の開発のポテンシャルを実際に確かめることなく軽水炉に決定したこと、また、より小さな出力規模の経験を待つことなく大出力発電へと飛躍を敢行したことが、いまや明らかになった。核技術の歴史を研究することは、速度と経験プロセスの歴史を根拠づける際に、範例となるかも知れない。

新しさは、ジャーナリズムのみならず、歴史の基本カテゴリーでもある。もっとも、歴史家はジャーナリストよりも、各々の新規性の相対的性格を強調することをつねとしている。核技術は、今日ではもはや二〇年前のように新しくは見えない。マイクロエレクトロニクスと比べると、核技術はいまやほとんど陳腐な印象を与える。核技術のリスクでさえ、今日においては七〇年代のように比類のないものとは感じられない。当時、原子力のリスクを既知の危険に数え入れようとしたのは、原子力の主唱者たちだった。そしてその際、彼らは世間をたいして納得させることができなかった。しかし、八〇年代には、原子力の批判者でさえ、核のリスクを他のリスクと同列に扱ったのである。[25] スリーマイル島とチェルノブイリと並んで、セーヴェゾやボーパールも、化学のリスクの新しい次元を示す合言葉となった。そして、遺伝子工学をめぐる論争が始まったとき、いま言及した大惨事はどれも、一挙にどこかしら陳腐な印象を与えることになった。というのも、それらはまだ場所を特定できたからである。つまり、それらは間髪入れずに激しい反応を惹起する派手な事件的性格を持っており、遺伝子操作された微生物が解き放たれた場合に考えられる恐怖のシナリオに比べれば、チェルノブイリ事故の結果でさえもまだ限定されていたのだ。[26]とりわけ原子力のリスクのありきたりの現象形態こそが、激しい公的な反対行動を可能にしたのかも知れない。

## 3　原子力政策とはどんな種類の政治だったのか

原子力政策はエネルギー政策である。このことは七〇年代半ば、第一次石油ショック後には、自明のことに思われた。しかしながら、かつての連邦原子力相のバルケは、私に対して、彼の時代（一九五六―六二年）に行われた原子力政策を正しく理解するためには、それがエネルギー政策とは何の関係もなかったことを考慮せねばならない、と忠告した。[27]確かに、それによって彼はすべての関係者を代弁したわけではない。少なからぬ者にとって、当時すでに「原子力」ではエネルギーが問題となっていたのだ。しかし、七〇年代初頭までは実際に、核エネルギー政策は第一にエネルギー政策の動機に規定されていたのではなかった。確かにボンの政治家は、すでにそれ以前から、核技術の振興をエネルギー政策的に正当化したかっただろう。しかし、エネルギー産業の大半は同調しなかった。原発の発注を迫る連邦研究相のシュトルテンベルクに対して、ＲＷ

Eは、一九六六年末の詳細な覚書のなかでみずからの立場をありのままに明示した。すなわち、このドイツ最大の電力会社はさしあたりみずから核エネルギーを必要としておらず、それにもかかわらず核エネルギーに参入するならば、独自の条件を出すだろう、とそこでは述べられていたのだ。[28] 西ドイツが石炭エネルギー主体の州と核エネルギー主体の州に分裂した八〇年代の視点からすると、農民や牧師、女性や学生たちが反対デモをする以前に、西ドイツの核エネルギーが、ドイツのエネルギー供給を百年間も支配してきた石炭業界の強い抵抗に直面しなかったのは不可解である。よりによって一九五七年、石炭の売れ行き不振が始まったときに、西ドイツの原子炉プログラムが作成された。これはエネルギー政策的に見れば不条理であり、石炭業界には、この危機のなかでライバルを撃退する二重の根拠があっただろう。しかし、当時は、原子力政策はエネルギー政策とは称されず、世界市場でのドイツ工業の競争力を確実なものとする科学政策、ヨーロッパ政策、そして未来政策とみなされていた。原子力政策がエネルギー政策となったときでさえ、それは石炭への助成金付与と同様に、半ば経済自立的基盤に基づいており、そこでは費用対効果の見積もりよりも供給の安定のほうが優先された。核エネルギーの支持者たちには、石炭価格の国家による買い支えと戦う理由はなかった。というのも、意図的に高く維持された石炭価格がなければ、核エネルギーの見通しははるかに悪かっただろうからである。ルールとライン左岸の褐炭埋蔵地区のすぐ近くで開発された高温ガス炉は、原子力プロセスヒートによる石炭のガス化の見通しによって、石炭業界にとっても魅力的なものとされた。もっとも、問題含みのPNPプロジェクト（原子力プロセスヒート原型炉施設）は、もとより多くの困難に見舞われていた高温ガス炉の開発をより一層複雑なものにした。しかし、長年にわたり炭鉱地区のメディアは、高温ガス炉ベースの石炭と核エネルギーの将来の提携を称賛していた。初期の反原発運動に直面した際にもまだ、石炭業界と核エネルギーの代表者のあいだで、相手のエネルギー源の環境への有害性をお互いに持ち出さないという申し合わせが成立した。それまで石油に対して運命を共にしてきたとすれば、いまや環境保護運動家に対して共闘することになったのだ。核エネルギー論争が進むなかでようやく、石炭と核エネルギーの技術的連携は脆弱な基盤のうえにあり、双方のエネルギー源はやはりライバル同士だったということが明らかになった。

反原発の出版物は、初期の、とりわけ反資本主義的な局面においては、原子力が投資利益率の点で最適の方法であるということを一般に前提としていた。だが実際には、産業的原発の戦略は、現に出ている利益よりも利潤への期待をもとに方針を定めていた。最初の商業用原子炉の発注（シュターデとヴュルガッセン、一九六七年）は、ジーメンスとAEGが採算を度外視した価格への値切りを容認したことによってのみ実現したとされる。原子力の電力が、その後、石炭の電力に対して、どの程度まで純粋な——すなわち、減価償却の優遇と間接的な補助金によるのではない——コスト優位性を達成したのかは、当該企業のアーカイヴが公開されたのちにはじめて判定しうるだろう。いずれにせよ、成立したばかりの原子力電力のコスト面での優位性が、七〇年代後半から再び縮小し始めたことは、はっきりしている。(29) それ以前には、原発が次々と建設されることで、電力単価が劇的に低下することが期待されていたのだ。だが、安全設備や廃棄物処理施設の拡大とともに、その逆の事態が生じた。少なくとも、核エネルギーの商業上の利点は、莫大な出費と高いリスクを正当化するのにふさわしいほどには、印象深いものではまったくないことが明らかになった。核技術への住民の同意の危機は、経済面での危機もまた生じていたという事実から、一時的に注意を逸らせた。すでに一九七六年には、最初はほとんど気づかれないまま、原発発注の事実上のモラトリアムが始まったのである。

「史上最大の輸出取引」であった一九七五年のブラジルの発注は、かつて原子力産業に期待された世界市場への展望が、事実によって根拠づけられたかのような印象を一時的に喚起した。しかしながら、そのブラジルとの協定は、取り決められた規模ではとうてい実施されず、次から次へと落胆をもたらした。今日、それは多くの点で、ひとつの始まりというよりはひとつの終わりだったように見える。(30) 第三世界の債務危機は、そうした地域での資本集約的なエネルギー政策を非合理的なものに見せた。それにもかかわらず引き続き原発が発注される場合、通常、もちろん異なる程度であるにせよ、権力・威信政治的な動機が一枚かんでいる。(31) いずれにせよ八〇年代には、七〇年代には一時的に忘れることのできたことが明白となった。すなわち、つねに原子力政策の主要論拠として機能した民生用原子力の世界市場というのは、信頼の置けない構築物だということである。

核技術を未来への展望ということから判断するのをやめて歴史のなかに置くやいなや、西ドイツの核エネルギー開発が、いかにわずかにしか既存の需要や予想される需要への応答になっていなかったかが際立ってくる。要するに、技術史上の多くの革新は、まずもってみずからの需要を生み出さねばならなかったのだ。しかし、市場にいたる道は、核技術の場合、かつての自動車や蒸気タービンや合成染料の場合に比べて、ずっと費用がかかり見通しのきかないものであった。もし、西ドイツの原子力政策に「デマンド・プル〔需要牽引〕」がほとんど見出されないとするなら、そのかわりに「テクノロジー・プッシュ」があったのだろうか。

この問いは、単なる肯定か否定かで答えられるものではない。[32] 原子力の特定の性質は、実際に、技術的進歩思想の伝統的な一般路線に沿っていた。つまり、より大きなエネルギー、より強いエネルギーの集約への進歩という路線である。もっとも、実際に実現された核技術は、「原子力」と結びついたヴィジョンほどには、テクノロジーの進歩の野心に適合していなかった。化石燃料で稼働する最新の発電所に比べると、軽水炉は比較的低い温度で、したがって低い効率で作動していた。さらに、軽水炉は核燃料の出し入れの際に停止されねばならなかったが、これも、経済的・技術的に見て欠点であった。また、軽水炉は、もともと原子炉に期待されていたのとは異なり、実際上は立地条件から決して自由でありえなかった。核分裂の魅力的なエネルギーのポテンシャルは、「従来型の」原発では減速材によって弱められた。ただ高速増殖炉にだけは、それがまだいくらか存在した。

「技術の勢い」の効果を示すとくに示唆に富むケースは、高温ガス炉である。ドイツにおけるその歴史は、遅くとも一九九一年九月にユーントロップの一八一メートルの冷却塔が爆破されたときに、目に見える終わりを告げた。高温ガス炉は、強力で閉じた「コミュニティ」の支持を一度も持たなかったので、もし、それが一定の技術的な魅力によって他の炉型から際立つことができなかったならば、その運命はおそらくもっと早くに決していたであろう。その魅力とは、核燃料の出し入れの継続的プロセスや、「あらゆる技術者の胸を高鳴らせる」(33)より高い温度、それによって約束されたより高い効率とより適切な核分裂生成物の利用である。しかし、これらすべては様々に異なる技術的なコンセプトに変換されえた。その限りにおいて、「技術の勢い」は、高温ガス炉の全歴史を悩ませた力の分散という要素をも含んでいた。結果として、長期にわたり典型的な手詰まり状態が生じ、高温ガス炉計画は目標に向かってひたむきに促進されたわけでも、中断されたわけでもなかったのだ。

七〇年代末と八〇年代の状況は、核技術の初期の歴史に見られる高度に思弁的な要素に気づかせることにも適していた。(34)未来についての思弁の不確実性と向き合うことは、核エネルギー政策の隠れたライトモチーフであったが、そうした状況は、六〇年代後半以降、主たる努力がそれまでに作り出された既成事実を擁護することに向けられるようになるまで続いた。原子力政策の原動力を求める問いは、核エネルギーへの参入を長い間押し進めてきた自明性そのものが疑わしくなったとき、複雑なものとなる。そして、結局は、そのような発展の原動力をそもそものようにイメージするべきかというメタヒストリカルな問いに行き着く。それは明らかにひとつの相乗作用、すなわち、様々な動機が臨界量に達することから生じるダイナミズムに関係する。これが根本において意味しているのは、核エネルギーの発展は歴史を構成する不可欠の一領域であり、歴史の手を逃れる純粋な事象の論理にしたがう部門ではない、ということに他ならない。

## 4　象徴的行為としての原子力政策

原子力の真の秘密とは、その背後にある資本への関心などではなく、逆にその経済基盤の脆弱性だったのだろうか。こうした問いは七〇年代末からますます提起されるようになり、核エネルギー批判の変化と結びついた。八〇年代の技術に関する政治的・社会科学的議論では、テクノロジー政策の象徴的な動機層と、将来を展望する夢想的な要素がいっそう注意を引くようになった。そのきっかけは、増殖炉プロジェクトに関わる最新の経験によって与えられた。二〇年間にわたってほとんど議論の余地のない核エネルギー開発の目標であった高速増殖炉がその自明性を失い、それが経済的には必ずしも説明されえず、技術的にも欠陥を持つものであると理解されたとき、かつての研究相たちでさえ、一体なぜこのような道に踏み入ったのかと悩み始めた。増殖炉プロジェクトに付随する非合理的な響きは、それまでは合理的とされた正当化パターンによって覆われていたが、いまや聞き分けられるようになったのだ。クラウス・M・マイヤー＝アービヒは一九八五年に、増殖炉建設をドイツ版月面旅行の失敗に終わった試みと特徴づけた。[35] 彼はこうした主張をするにあたり、かつて増殖炉計画のリーダーだったヘーフェレの思考の飛翔を続けさえすれば良かった。ヘーフェレは、増殖炉開発の野心に満ちた象徴的次元を繰り返し率直に表明し、そうすることでのちの敵対者たちに最良のキーワードを提供した。もっとも、ヘーフェレが原子力「コミュニティ」のスポークスマンとして立ち現れることを好んだとしても、実際にどの程度すべての関係者を代弁したのかは定かではない。多くの企業のアーカイヴが公開されれば、たとえば誤ったコスト計算とか地球上の利用可能なウラン資源の著しい過小評価といった他の動機にも、より鋭い光が当てられることになるかも知れない。[36] しかし、明らかにひとは、長い間みずから進んで欺瞞に身を委ねたのである。そうでなければ、こうしたかつての計算の底の浅さを見抜けていただろう。

一九七七年の時点ではまだ、国家は警察を用いてカルカーの原発建設予定地を数万人のデモ隊に対して容赦なく守り抜いたが、八〇年代になると増殖炉建設をひっそりと骨抜きにした。社会民主党と自由民主党の連立政権が崩壊（一九八二年）したのち、SPDは公式に増殖炉に距離を取るようになり、しばらくの間、増殖炉というテーマが政府と野党のあいだの不和の種となった。しかし、チェルノブイリ後に先鋭化したリスク意識は、政府の側でも増殖炉への関心が消えていくことに寄与した。[37] カルカーの原型炉が稼働されないことが最後に明らかになったとき、この中止はとうにはっきりしてきていた傾向に終止符を打ったにすぎなかった。それにもかかわらず、核技術の歴史を視野に入れるならば、この稼働中止の画期的な性格が見て取れる。核技術はこれによって、その魔術的な特質を最終的に失ったのだ。すなわち、数百年、数千年にわたってほとんど使い果たされることのないエネルギーという古くからの約束や、新しい核分裂生成物をみずから生み出すという永久機関を想起させる能力が失われたのだ。核技術は、いまやただ現実に存在する現在にすぎないことが確定し、もはやいかなるヴィジョンでも、遠い未来への扉でもなくなった。もっとも、このことを通じて原子力をめぐる対立の地平線は狭められた。すなわち、一九七九／八〇年のエネルギーに関する第一次国会調査委員会が模範的なやり方で到達した、様々な未来の道筋の徹底検証は、これまでのところいかなる後続も見出さなかった。縮小した核エネルギーは、いまやほとんど対案となる構想を呼び覚ますことはなかった。回顧してみれば、壮大な核エネルギーのヴィジョンが持つ論議上の利点が認識される。つまり、こうしたヴィジョンは、野心的で徹底的なものであればあるほど、それだけ多くの代替コンセプトを喚起したのである。

大規模技術プロジェクトの持つ未来のヴィジョンに結びつく能力を意味あるものとみなすならば、核技術にとってとりわけ危機的な出来事は、テクノロジーの未来的ヴィジョンが核技術から離れていったことであった。エネルギーがあらゆる物事の核心であるという信念――再生可能エネルギー源の擁護者たちによって時折さらに強められることにもなった観念――は、かつての蒸気機関から最初の原発までを貫いていたが、「情報社会」というキーワードのもとで、あらゆる出来事を情報と情報伝達に還元する新しい世界像が広まったとき、大きな打撃を受けた。それと同時に、マイクロエレクトロニクスのめざましい大成功が、大きなものへの進歩のみならず、小さなものへの進歩もあることを想起させた。本来、ひとはこのことをいつでも知ることができただろう。それにもかかわらず、原発の規模拡大が七〇年代にドイツでも世界でも停止したのは、以前の期待に比べれば、非常に驚くべきことだった。[38] 八〇年代にはそれどころか時折「ダウンスケーリング」という標語が使われ、とりわけ高温ガス炉に小型原子炉（「高温原子炉モジュール」）のコンセプトが結びついた。しかし、これらの計画はこれまでのところ紙のうえでの段階からたいして進まなかった。「大きなものへの進歩」という古いモデルは、エネルギー産業の構造にあまりに深く根を下ろしているのだ。しかし、核エネルギーの開発に積極的に関与してきた多くの原子物理学者たちでさえ、ドイツの電気業界が、核エネルギーを犠牲にしてでも、早期に――日本というライバルと同様に——エレクトロニクスにより強力に参入しなかったことを、振り返って見て奇妙に思った。純粋に経済的に考量していたならば、すでにはやばやとエレクトロニクスの潜在的な利益を計算できていただろう。これがなされなかったとすれば、それは何よりも、長期的な産業戦略が、時代の空気やテクノロジーの象徴価値、そしてその国の技術文化によってともに規定されるからである[39]。

西ドイツが完全な主権を獲得したのと同じ一九五五年、ジュネーブ原子力会議が開催され、世界中の原子力への陶酔[40]が頂点に達した。この時間的な一致は意味を持つようになった。すなわち、原子力技術は西ドイツ政府にとって、新たに得た主権を実際に行使するための手段となったのだ[41]。このことは重要であった。というのも、国家の援助なしには、次のような事態が容易に起こりえたからである。すなわち、核エネルギー開発が、一九五五年頃にイメージされていたよりもはるかに時間もコストも要するということが明らかになることで、一九五〇年代末にその開発が再び休眠状態に陥る可能性があったのだ。当時の原子力への陶酔は、技術に実際に備わるチャンスの単なる反映ではなかった。そうではなくて、その陶酔は技術のヴィジョンの歴史のなかに位置づけられるのだ。つまり、核エネルギーはまさしく「力〔エネルギー〕の増大を通じた進歩」という古くからの未来構想になお欠けていたクライマックスだったのである。しかし、占領体制から解放されたばかりの西ドイツに原子力が約束した力は、本当に象徴的な性質のものでしかなかったのだろうか。その力は、やはりより具体的なものではなかったのか。そして、象徴的行為の次元を酷使しすぎず、原子力政策の原動力を過度に精神的なものにしないように注意を払うべきではないだろうか。

## 5 暗黙の動機としての軍事的オプションの維持？

アデナウアーは一九五四年に、WEU[*9]とNATOへの西ドイツの参加の条件として、自国の核兵器製造を放棄せねばならなかった。西ドイツ経済省の最初の原子力法案（一九五二／五三年）は、経済相がEVG[*10]の求めに応じて核兵器製造を許可しうることを目論んでいたが、連合国はこの胡散臭い箇所に精力的に異議を唱えたのである。[(42)] その後、核技術を兵器技術として用いる可能性は、西ドイツにおいては厳しいタブーとなり、連邦原子力省と原子力委員会の内部の文書のやりとりさえもそれを遵守した。世間は、民生用核技術に含まれる軍事的ポテンシャルには、概してごくわずかにしか注意を払わなかった。西ドイツ連邦軍の核兵器武装に反対する原子物理学者たちのゲッティンゲン宣言（一九五七年）は、同時に民生用核技術の振興をふさわしいものとして強調し、「平和的な」原子力は――核分裂生成物の軍事利用に対する反対勢力とまでは言わないまでも――爆弾とは別の世界であるかのような印象を喚起した。

それでも、一九六七／六八年の「核拡散防止条約」をめぐる論争のなかで、拡散の危険は世間の耳目を集めるテーマとなった。しかしながら、そこでは今日の視点からすると逆説的な状況が生じた。つまり、核の危険性をとりわけ真剣に受け止め、だからこそ核不拡散条約への参加を支持した人々こそが、同時に「平和的な」核技術と軍事的核技術のあいだの結びつきをできる限り軽視することに最も熱心であった。というのも、当時、あらゆる政治勢力は、民生用核エネルギーの推進という点で一致を見ており、「核拡散防止条約」は、原子力の経済的利用を妨げないことを証明してこそ可決されえたからである。このような状況のもとでは、拡散の危険性に関する真剣な議論が始まることはなかった(43)。

七〇年代の原子力をめぐる大きな対立においてもまだ、核技術の軍事使用の可能性は奇妙なほどわずかな注目しか集めなかった。「核技術の最大の危険は爆弾にあり」、「原発に対する敵意は爆弾への不安の反映である」というのが、当時の核エネルギー推進派の典型的な論拠であり、こうした論拠は、反対派が「原子爆弾」というテーマをむしろ注意を逸らすものとして受け止めることに寄与した。このような状況は、アメリカのカーター政権が、核拡散の危険を核技術を制限する政策のための決定的な論拠にしたときに（一九七七年）、ゆっくりと変化し始めた。一般的な方向転換は一九八〇年頃に、核による再軍備と戦う新しい平和運動が反原発運動と結びついたときに起こった。いまや多くの原子力への敵対者は逆の極端に走り、西ドイツの核エネルギー開発の軍事的動機について、おそらくひどく誇張されたイメージを抱くようになった。ヴァッカースドルフの再処理施設に反対して闘った多くの人々は、その計画の背後には爆弾への欲求があることをはっきり証明済みだとみなしたが、これはそれほど明確ではなかった。当時、再処理に対する経済上・廃棄物処理技術上の需要がまったく存在しないことが明らかになり、多くの人々が――数年前まで原発に反対していた人々でさえ――「燃料サイクルの完結」としての再処理は核エネルギーシステムの不可欠の構成要素であるという前提を自明視していたことを忘れてしまった。核技術の歴史はまた、システム幻想、循環幻想の歴史でもある。[44] もちろん、再処理には増殖炉プロジェクトが結びついていた。ここには実際にシステムの強制力が存在したが、それはまさにここにしかなかった。再処理の必要性は、それまでに建設された原発からではなく、ただ増殖炉だけから生じたのである。このことが、一九八〇年代に明らかになったのだ。さらに、増殖炉で生じるプルトニウムは、爆弾への利用にとくに適していることが明らかになった。したがって、増殖炉はますます疑わしいものになった。通常の軽水炉から出るプルトニウムでさえ、必要とあれば、爆弾製造に用いることができる。つまり、この長い間否認され抑圧されてきた事実が、ついに公になり、いかにわずかにしか核の拡散問題が解決されていないのかに注意が喚起されたのである。[45]

しかし、この八〇年代の認識水準からさかのぼって、五〇、六〇年代における政府の原子力政策の軍事的な動機を結論することは許されるだろうか。このことは、かつて「平和的な原子力」への確信がどれほど率直なものであったのかを忘れることを意味しないだろうか。

しかしながら、すでにだいぶ前から、少なくともアデナウアー時代には原子力政策が軍事的な動機によっても規定されていたことを示す状況証拠が存在した。一九五七年にCDU／CSUは最初の原子力法案を国会で廃案に追いやった。というのも、発表されたところによれば、連邦首相がドイツの核技術を民生目的に限定することに異議を唱えたからであった。[46]確かに、一九五八年二月に結ばれた、フランスの核武装へのドイツの参画を目的としたいわく付きの独仏協定については、ようやく八〇年代末になって詳細が知られるようになった。[47]つまり、ド・ゴール本人こそが、権力の座につくとすぐに、のちのドイツの「ド・ゴール支持者たち」のこの種の計画〔核武装計画〕を妨げたのである。しかし、九一歳の元連邦首相が、一九六七年初頭の「核拡散防止条約」に対して行った非常に激烈でけたたましい論駁は、彼の在任時代の原子力に関する動機をくっきりと浮かび上がらせるようだった。とりわけ、不拡散条約に反対するキャンペーンが、実際には原子力産業の経済的利害によって支えられていなかったことが明らかになったとき、そうした動機が際立った。アデナウアーの伝記作者ハンス＝ペーター・シュヴァルツは、新たに開拓された史料に基づき、アデナウアーの原子力政策に対する古くからの疑惑の正しさを驚くべき範囲で認め、それどころかさらに強化した。というのも、シュヴァルツは、国防相のシュトラウスだけでは決してなく、首相のアデナウアー自身がいかに持続的に西ドイツに核のオプションを開いておく政策を行っていたか、そして、アデナウアーの思考のなかで核兵器の所有がいかに傑出した意味を持っていたかを示しているからである。(48) 安全は核の抑止力に基づくが、アメリカ合衆国の核の後ろ盾は持続的には当てにならず、西側同盟の核協議への参画もまた独自の核のポテンシャルを必要とすると前提したならば、核のオプションを保持する政策は、まったく論理的で避けがたいものであった。

それにもかかわらず、多くの問いは未解決のままである。たとえば、アデナウアーはフランスの核兵器開発との協力や、他国から核兵器を入手する可能性を追求しただけでなく、西ドイツが自力で核兵器を生産する能力を得ようと努めたのだろうか。彼は、単にそれと引き換えに核に関する共同決定権を得るために、核のオプションを開いておこうとしたのだろうか、それとも真剣にドイツ製の爆弾を欲したのだろうか。彼はこの目標を持続的に追求し、それが当時すでに懸案となっていた核技術の決定に影響を与えるように配慮したのだろうか。これらすべては単にアデナウアーとシュトラウスの政策だったのだろうか、それとも成立しつつあった原子力「コミュニティ」に属するより多くの人々のあいだに、西ドイツの核エネルギーの開発は軍事的展望にも向けられるべきだという暗黙の合意があったのだろうか。指導的な原子物理学者の大半は、ゲッティンゲン宣言のなかで、この種の野望からは距離を取っていた。しかし、その開発が原子力研究センターと産業界に移るにしたがって、物理学者の影響力は小さくなった。確かにエネルギー産業は爆弾に関心を持っていなかったが、最初の一〇年間の原子力政策にはほんのわずかしか関与していなかったのだ。

初期の重要な技術上の決定は、実際に軍事的な下心に導かれた戦略に合致している。すなわち、迅速なプルトニウム生産に高い意義が付与されるとともに、重水炉の方針が優先され[49]、カールスルーエの「多目的研究炉（MZFR）」と、軍事目的で開発されたピューレックス法[*11]を受け継いだカールスルーエ再処理施設（WAK）が建設されたのである。それにもかかわらず、核エネルギー開発をプルトニウム生産へと方向づけることは、数年が経過するなかでそれほどひたむきに追究されはしなかった。それは、初期の諸計画が、実際の物事の歩みにとって非常に限定的な意味しか持たなかったのと同様である。直接に爆弾を求める衝動を示す証拠はこれまでのところ存在していないし、もし、核のオプションの政策がその程度まで具体化していたとするなら、非常に驚くべきことであろう。というのも、爆弾へあからさまに手を伸ばすことのリスクは、法外なものだっただろうからである。それは政治的リスクであるだけでなく、関与している産業にとっては経済的リスクでもあっただろう[50]。アメリカの厳しい対抗措置を怖れねばならなかっただろうし、その措置は、西ドイツの政治と原子力産業を最悪の困難に突き落とすことになっただろう。しかし、爆弾に向けての直接的な布石は、まったく必要なかったのである。核エネルギー開発は、結局はおのずと――政治的意図があるにせよないにせよ――軍事的に利用可能なポテンシャルを生じさせたのである。狙いを定めた政策は、核不拡散のためにのみ必要となっただろう。核技術の軍事的な成立過程は単なる先史だったのではなく、この技術分野の構造を今日にいたるまで特徴づけている。これは、技術の成立過程の研究がアクチュアルな重要性を持つことの良い例証である。核技術の本質は、民生的意図と軍事的意図の暗黙の共生を許したのであり、秘められた目標について解明をもたらす論争を強いることはなかったのだ。

## 6 「科学に基づく産業」のパイオニアとしての核エネルギー？

一九七〇年代まで、核技術は「科学的なテクノロジー」の典型であり、したがって技術の科学化という先例のない傾向の先駆者とみなされた。それに対して今日では、核技術の運命は、こうした傾向やその背後にある社会の「科学化」の進展という見解全体の疑わしさを、典型的に示すことができるだろう(51)。このことは、核エネルギーの未来をまだ信じる場合にもなお当てはまる。確かに、核技術の最初の起源は物理学理論にあった。しかし、そこから――五〇年代にしばしばなされたように――核エネルギー開発で主導的な役割を果たすべきなのは原子物理学者であり、原子炉構造の選択はもっぱら物理学的な観点からなされるべきだと結論するのは間違いであった。

理論家は、どうやら爆弾製造において最も指導的な役割を果たしたようだ。ただし、ロバート・オッペンハイマーのような物理学者の卓越性と悲劇性は、マンハッタン計画への産業組織の大規模な関与から世間の関心を逸らしてしまった。しかし、原子物理学者が、「平和的な原子力」によってヒロシマの血塗られた遺産を償えると期待したならば、この夢はごくわずかにしか実現しなかった。

最初期の西ドイツ原子力政策の基盤は、ノーベル賞受賞者のヴェルナー・ハイゼンベルクを中心とした人脈のネットワークであった。しかし、この状態が長続きすることはなかった。ジーメンス社の原子炉部門は、ハイゼンベルクの義弟であるフィンケルンブルクによって立ち上げられたが、彼は何よりも科学者であると感じていた。しかしながら、フィンケルンブルクはジーメンスの発電所部門の抵抗に直面した。(52) 彼の重水炉路線は、結局、費用のかさむ失敗であることが明らかになり、彼は経済学と中性子経済とを取り違えたのだと陰口を言われた。技術者と経営者にとって、「物理学者の原子炉」は、原子炉のコンセプトを貶める際に用いられる蔑称となった。軽水炉の勝利は、とりわけ大規模技術では幅広い経験がすべてであり、決して理論では代替できないという昔ながらの原則に再び面目をもたらした。もっとも、経験についてよく考えてみると、それは決して確固としたものでも、一義的なものではないことがただちに明らかとなる。たとえ経験をした当人が、時折、みずからの経験を確固たる一義的なものと感じることがあるとしても、経験とはそうしたものではないのである。経験の多義性は、七〇年代の核エネルギー論争において明白になったのだ。

「第一世代」の「従来型」原子炉において、経験豊かな発電所の技術者たちが指導的役割を果たすべきであることが理解された時点でも、未来のものとされた「第二世代」の原子炉——高速増殖炉と高温ガス炉——は、依然として研究のための領域に留まっていた。しかし、すでに増殖炉計画が終わるはるか以前に、相対的に出力の小さい増殖炉の原型でさえ、研究センターではなく、産業の手によらなければ建設できないことが明らかになった。高速増殖炉における炉型選択をめぐる論争（一九六八／六九年）は、軽水炉の勝利と同様に、理論上の最適解ではなく幅広い産業界の後ろ盾が重要なのだという経験をあとに残した。長年のプロジェクトリーダーであったヘーフェレは一九七七年に、「物理学者——私もまた根っからの理論物理学者であるが——は一般に、たったひとつの炉型を成功させることでさえ、技術者的に見ていかに困難かということを過小評価している」と告白した。「物理学は素早くなされうるが、エンジニアリングと商業的影響力は多大な時間と費用をかけて非常な骨折りとともに達成されるのだ。[53]」増殖炉の理論的な問題は、すでに五〇年代初頭には原理的に解決されていた。それどころか、ひとは一時的に、増殖炉はもうできているも同然だと思い込みさえした。しかし、理論の外見上の勝利は苦い敗北へと変わった。そして、この敗北は、模範的な意味を持っていた。ヘーフェレの賢明さは、何よりも、経験から学びつつ、増殖炉建設に際して直接指揮する役割を担おうとはせず、かわりに政治と原子力「コミュニティ」の合意形成者の役割を引き受けたことにある。この合意形成という次元で、科学は実際に顕著な役割を果たすことができたのだ。その際、もちろん科学と広報活動とのあいだには流動的な移行が生じた。その他にも、後継者養成のための科学の営みが必要であった。ここにおいて、原子力をめぐる対立と原子力の退潮がとくに表面化した。つまり、八〇年代には核技術を教える多くの大学教員の周囲は静かになり、その講座が空席となったのだ。東ドイツの多くの核技術者に西側の労働市場が開放された東独の「転換」によってようやく、後継者問題はさしあたり解消されたのである。

大学の教育活動とはせいぜいのところ緩い結びつきしか持たなかった原子力研究センターは、後継者を養成するよりは外から取り込むことを好んでいた。これらのセンターの意義は、とうに疑わしいものになっていた。重水炉、増殖炉、高温ガス炉、再処理といった「ビッグ・サイエンス」が誇る大プロジェクトは、次から次へと失敗した。核エネルギー開発は、結局のところ、研究センターなどまったく存在しなかったかのように進行したのだ。原子力研究センターに由来するプロジェクトは、原子力をめぐる公共の場での論争をエスカレートさせることにのみ大きく寄与した。核エネルギーの支持者でさえ、原子力に関わる「ビッグ・サイエンス」の価値には疑念を抱きうるだろう。大規模なプロジェクト研究に対する抵抗は、長い間、時代遅れで頑迷なものとみなされていた。今日、かつての異議の多くが記憶に呼び戻され、名誉回復されるにふさわしくなった。一九七五年頃、核技術の歴史家にとって、核エネルギー開発における制度化された研究の指導的な役割や利点を疑うことなど思いもよらなかったのに対し、この間になされた諸経験は、歴史に新しい問いを立てるきっかけを与えている。たとえば、ゲースタハト原子力研究センターにおける「研究」とは何を意味していたのか。より詳しく吟味すると、公的資金による助成を可能とするために、産業的な開発作業が「研究」と称された印象を受ける。(54) 同様のことが、宇宙航空研究の広い分野についても当てはまるように思われる。「技術の科学化」の背後には、単なる製品開発に科学の不可侵性と助成価値を与えようとする試みがしばしば隠れているのだ。その際、本来の意味での「科学」、すなわち、人間が作り出し取り扱うものについて、可能な限り完全な認識を得ようとする努力としての「科学」は、阻害要因として扱われうる。その限りにおいて、「科学」というキーワードは、現代の技術史の最も混乱した局面のひとつを示しているのである。

## 7　見かけとしての計画立案

西ドイツの核技術の歴史に関する初期の概観的叙述は、通常、歴史的経過を相次ぐ原子力プログラムに沿って区分していた。それらの叙述は、物事の歩みについて――それを評価するにせよ批判するにせよ――、かなり秩序だった首尾一貫したイメージを描いていた。そこでは、ドイツ原子力委員会が国家、科学、経済の代表者たちをひとつにまとめ、効果的なコントロール機能を果たしていたのである。(55)こうした叙述の背後には、通常、次のような見解が見て取れる。すなわち、新しいテクノロジーでは、国家の計画立案がますます重要な意味を持つようになるという見解である。かつては時折、このような思考パターンから、東側の計画経済はこれらのテクノロジー開発に特別なチャンスを持つという結論が引き出されたのだった。(56)こうした結論を下したのは、決して筋金入りのマルクス主義的著述家だけではなかった。

しかし、文書を調査してみると、まったく異なるイメージが生じる。そこでは、原子力プログラムとはまったく皮相な出来事でしかなかったことが示された。すなわち、それは主として国会と連邦財務省を満足させることを目的とした書類だったのだ。原子力委員会は、せいぜいのところ、一時的にコントロール機能を果たしたにすぎない。最重要事項である軽水炉の普及は、原子力委員会によって計画されたわけでもなければ、先行する原子力プログラムのなかで予定されていたわけでもなかった。その他の秩序化の図式も、部分的にしか現実に合致しなかった。核技術の歴史が、一見したところ、実験炉から実証炉を経て商用実用炉にいたる首尾一貫した一連の学習過程のように見えるとしても、この印象は、時間的経過をより厳密に観察すると消え去る。たとえば、軽水炉では、より低い段階でなされる経験を待つことなしに次の高い段階へと進んだし、この炉型が優勢となることで、他の炉型でなされる経験は重要でなくなった。また、原子炉の第一世代から、かつて「第二世代」と呼ばれた増殖炉や高転換炉が発展することもなかった。長年にわたって高温ガス炉のプロジェクトリーダーだったルードルフ・シュルテンが、高温ガス炉の歴史を回顧しつつ、結果として「すべてはすべてのひとの意思に反するものになった」と確認したのは、故なきことではない(57)。

有効な計画立案のこうした欠如をいかに評価するかという問いが残っている。この点について、核エネルギー開発に関わった者たちのあいだには、つねに様々な立場が見られた。フランスの「計画経済」のように包括的な官僚的手段を備えた計画システムは、五〇、六〇年代には、西ドイツの原子力産業の大多数の人々にとって、欲しないものの典型であった(58)。とくに、このコストのかかる中央集権主義は、当時、いかなる商業的成功ももたらさなかったのだからなおさらであった。こうした事情は、七〇年代の原子力をめぐる対立の過程で変化した。そこではドイツの原子力支持者の多くが、原子力プログラムを惑わされることなく継続できたフランスを少なからぬ羨望の思いで眺めたのだ。ドイツの認可手続に含まれる地方分権的要素は、核技術の敵対者たちに対して、フランスの原子力政策の中央集権システムが提供しなかったような、効果あるローカルな介入のチャンスをもたらしたのである。核技術のリスクに注目するならば、西ドイツにおいて大規模な原子力計画を目標通りに「やり抜く」ことが難しいということには、構造上の合理性の要素が含まれているのかも知れない。総じて核技術の歴史は、今日の視点からすると、市場経済の条件下で技術開発を大がかりに首尾良く計画する可能性を、誇張して思い浮かべるべきではないという警告の戒めを含んでいるのだ。

この経験は、より一般的な考察のきっかけとなる。八〇年代以来、テクノロジー政策のみならず、技術史の理解にとって、大規模技術システムが持つ意味が議論されている。その端緒となったのは、トマス・P・ヒューズの『権力のネットワーク』である。[59] ヒューズにおいては、システムの歴史は「偉大な男たち」の技術史と密接に結びついている。というのも、彼は「システムの構築者」の役割に殊更の注意を払っているからである。しかしながら、より幅広い歴史的視野で振り返って見るならば、少なくともそれと同程度にはシステムの歴史の意図せざる要素を強調することができるだろう。というのも、通常は、拡大し、高度に複雑化した技術システムを前もってプログラミングできるような部局は存在しないからである。そのようなシステムは、大抵の場合、これまでのシステムに立脚して、少しずつ小さな歩みで大規模な計画なしに作り上げられるときにのみ、成長できるのだ。五〇、六〇年代の高揚したヴィジョンにおいては、核エネルギーは固有の性質を備えたシステムであり、ローベルト・ユンクの『原子力国家』（一九七七年）の恐怖のヴィジョンにおいてもそうであった。それに対して、現実に存在する核技術は、既存のエネルギー供給システムの一構成要素となったのである。

大規模な原子力計画がたいした重要性を持たなかったことは、核エネルギー開発にはいかなるシステムもいかなる目標に向けたコントロールも存在しなかったということを意味してはいない。おそらく、関係する企業、とりわけエネルギー産業の企業のアーカイヴの開放によって、この点についてさらなる情報がもたらされるだろう。核技術に関する大量の出版物は、部分的には、実際に重要な事象やその動機を覆い隠すのに適していた。折に触れて、機械工学教師のアーロイス・リードラーの警告を思い出すとよい。「技術分野における職業的な書き手は、大抵は部外者であり、つまり作り手ではなく、現実の開発には精通していない。それに対して、作り手や事情に通じた者が語ることは希である。〔…〕彼らは語るとしても、非常に遠慮がちである。彼らは決して決定的な連関を明るみに出すことはない…。」[60] 核技術においては、黙秘することに特別の理由があった。それゆえ、歴史の手法が、ここでは探偵的要素を含むことになったのだ。

核エネルギー論争の過程で、やがて、原子力産業内部の言語統制が見て取れるようになった。外部からの脅威が、原子力の支持者たちの結束を促進したのである。すなわち、それ以来、原子力の「コミュニティ」ということが大いに語られるようになっているのだ。実際のところ、西ドイツの核技術の歴史は、内部から見ると、一九世紀のロシアの長編小説のような魅力を持っている。つまり、ひとは様々な出来事のなかで繰り返し同じ名前に出会い、誰もが互いを知っているひとつの大家族とかかわっているかのような印象を受けるのだ。しかし、この家族にも彼らなりの葛藤があった。七〇年代の対立状況は、核エネルギーの周りに群がる密集した集団の結束を示す大げさなイメージを伝達していた。しかし、より綿密に見るならば、著しい立場の違いに気がつく。(61) 核技術の歴史における明白な計画性の欠如もまた、どの程度まで「コミュニティ」が実際に目標とリスクに関する効果的なコミュニケーションと自己了解のネットワークとして存在したのかという問いを投げかける。

## 8　見誤られた合意のチャンスへの問い

歴史家の典型的な認識は、対立する者のあいだにはしばしば、彼ら自身が意識する以上に共通性が存在したという結論に達する。ひとは時間的な隔たりを経てはじめて、一見したところ正反対の者たちが、その時代の精神や共通の前提によって結びついていたことに気がつくのである。このことは、原子力をめぐる対立のなかで闘う人々にもそこそこ当てはまる。賛成派も反対派も、それぞれの流儀で核エネルギーに魅せられていたのだ。それに対して、八〇年代になると、原子力は——チェルノブイリ事故の直後を除き——、多くの人々にとってもはやそれほど重要なテーマではなかった。七〇年代には核エネルギーの支持者も反対者も、ローマクラブの報告書「成長の限界」（一九七二年）の影響下にあり、化石燃料源への依存を断つために精力的に努力せねばならないということを前提としていた。こうした思考パターンを、一九八二年にクラウス・トラウベは、「エネルギー源イデオロギー」として批判した。(62) 八〇年代には石油価格が再び下落したことで、核エネルギーの成長予測と、その反対者たちの太陽光発電ヴィジョンがともに裏をかかれ、さらにはエネルギー政策に関する第一次国会調査委員会が一九七九／八〇年に合意した省エネの提案が骨抜きにされた。一九七〇年代に原発の主要受注者としてドイツでほぼ独占的な地位を築いていたKWUは、八〇年代末には世界最大の太陽電池の製造者に上りつめた。

オーストリアの平和運動の指導的人物である原子物理学者ハンス・ティリングは、一九五二年に、核エネルギーの利用は、太陽エネルギーと水力エネルギーの可能性が完全に汲み尽くされたのちにはじめて責任を負いうるものとなると書いた。(63) この基準は、もし、問題が公共の場で政治的に効果ある仕方で議論されていたならば、当時すでに合意可能となっていただろう。というのも、核技術に対する太陽光技術の原則的でいわば「哲学的な」安全上の利点は、当時すでに認識できたからである。五〇年代にはしかしながら、太陽光のヴィジョンは原子力の未来プロジェクトに吸収されてしまった。これは、ヨーロッパにおいてのみならず、インドのような国においてもそうであった。当時、核融合炉が核技術の最終目標とみなされており、核融合炉には太陽という手本に倣って無尽蔵のエネルギーを生産する能力が付与されたのだ。

七〇年代には多くの人々が、原子力をめぐる対立では二つの文化が衝突しているのだという印象を持っていた。そして、少なからぬ人々はこの文化的二項対立を過去に向かって延長した。それはあたかも、歴史のなかではハードなテクノロジーの世界とソフトなテクノロジーの世界を鋭く分離することができるかのようであった。[64] しかし、歴史的現実は、まったく別の様相を呈している。七〇年代の対立の布置はまったく新しい種類のもので、そのほんの少し前に成立したのだった。六〇年代にはまだ、RWEを筆頭とする電力供給会社こそが核エネルギーに対して最も懐疑的であったのに対して、左翼の代弁者は、典型的なケースでは少なくとも右翼の代弁者と同程度に原子力に心酔していた。核技術とその批判とのあいだには、弁証法的な関係が存在する。核エネルギー開発が進展し、それによってそのリスクを焦眉の危険に変えたそのやり方こそが、抗議のポテンシャルを活性化させる問題の圧力を生み出した。反原発運動は、専門家のうちでも最も先見性のある人々ならおそらく気がついていた問題、しかし彼らには行動に影響を及ぼすように議論し尽くすことのできなかった問題を取り上げたのである。

原子力をめぐる対立を短期間だけ追った多くの人々にとっては、この対立の戦線は硬直し、論拠となる武器も月並みなものに思われた。しかしながら、その論争を長期にわたって追うならば、このイメージは変化し、明確化のプロセスと学習のプロセスが立ち現れる。[65] しばしば主張されることとはまったく異なり、原子力をめぐる対立の諸経験は、新しいテクノロジーについて公的な場で論争的に展開される議論の不毛さを証明しているのでは決してない。

トム・R・バーンズとラインハルト・ユーバーホルストは、従来の政治理論が利害と立場をあまりにも当然のものとして受け取りすぎており、利害を決断に変え、意見の相違に決着をつける方法論にもっぱら注目してきたと指摘した。それに対して、論議や社会的学習や合意形成には十分な注意が与えられてこなかった、というわけである。[66] ユーバーホルストは、第一次国会調査委員会「未来の核エネルギー政策」の議長であったが、事実、このテーゼの真実性を表明するのに核エネルギーは適していた。というのも、この種のテクノロジーは非常に複雑で巨額の費用を要するので、関係者にとっても、みずからの利害を規定することがまったく容易ではないからである。産業界の内部で最初に核エネルギーに特別の利害関心があると考えたのは、主要な化学産業の企業家たちであった。石炭産業の代表者たちもまた、核技術が石炭精製に理想的に適合するものだと思い込んでいた。エネルギー産業は、長い間、再処理なしで済ますことはできないだろうと想定していた。一九八〇年以降、ゴアレーベン計画の反対者たちが「ドイツ産業をその歴史における最大の判断ミスから救ったのだ」という警句が広まった。[67] 抗議運動と経済界の実際の利害とのあいだには、隠れた収斂関係が存在した。というのも、核技術は期待されたほど利益をもたらさず、増殖炉と再処理施設の採算性にいたっては、どうなることかまったく分からないということが徐々に判明したからである。しかし、この収斂関係に含まれていた相互理解のチャンスは、たまにしか活用されなかった。

原子力をめぐる対立の切るような鋭さは、とりわけ、歴史上のいかなる技術においても、核技術の場合ほど、実証可能な損害と仮説的リスクとが極端に乖離してはいなかったということに由来する。七〇年代には、疑う余地なく核技術に起因するとされた損害は、他の多くの技術がもたらす損害と比べて少なかった。それに対して、仮説的リスクは終末論的な広がりを持っていた。論証の仕方次第で、ひとはまったく異なる核技術の評価に行き着いた。確かに、ヘーフェレはすでに一九七三年に、これほどの危険性を持つ新しいテクノロジーでは、安全性への配慮は仮説的リスクにも取り組まねばならないだろうと指摘していた(68)。しかし、核エネルギー擁護論は、対立陣営のあいだに相互理解の基盤を早期に生み出しえたであろうこの洞察から結論を引き出すことに、一般に非常に躊躇していた。それに対して、チェルノブイリは変化した状況を生み出した。つまり、それまでの仮説的リスクの一部が、いまや経験的に明白なものとなったのだ。いまこそ、「安全哲学」に関わるいくつかの決定的な点において原則的な合意に達することが可能なはずであった。たとえば、仮説的な事故の極めて大きい損害規模を、それが起きるとされる確率の極端な低さによって矮小化してはならないという合意がなされねばならなかっただろう。核エネルギー推進派の指導的代表者も、確率論的な安全性の証明を信用していなかった。すでに第一次国会調査委員会の報告書には、「積の公式」（リスク＝損害規模×損害の発生する確率）の放棄が含まれていた。[69] また、人間がミスを犯す存在であることをつねに計算に入れておかねばならず、したがってテクノロジーは過失に寛容であるという要請に即して評価されねばならないことについても、原則的な合意が可能であるはずだった。すでに早くから、完璧なオートメーションによって一〇〇％守られた原発というのは、専門家というよりは素人の夢であった。[70] しかし、一九七九／八〇年の第一次国会調査委員会以来、八〇年代全般を通じて、政治的影響力を持つ合意形成を目指したエネルギー政策の新しい持続的な試みは存在しなかった。エネルギー産業は、遅くとも八〇年代末には、核技術への新たな投資——それがそもそもあったとして——は、幅広い政治的合意がある場合にのみ考えられるものだという見解に改めたにもかかわらず、そうした合意のための試みはなされなかったのである。歴史的な回顧は、いくつもの合意形成のポテンシャルがあったことを認識させるが、同時にまた、執拗に持続する要素や、慣性の法則、既成事実や人間の忘れっぽさの効力も示しているのである。

## 原注

（1）Joachim Radkau, *Aufstieg und Krise der deutschen Atomwirtschaft 1945–1975. Verdrängte Alternativen in der Kerntechnik und der Ursprung der nuklearen Kontroverse*, Reinbek 1983, S. 78–96.

（2）Ebd., S. 447ff.; Bundesminister für Forschung und Technologie (Hg.), *Dokumentation über die Öffentliche Diskussion des 4. Atomprogramms der Bundesrepublik Deutschland für die Jahre 1973–1976*, Bonn 1974.

（3）Radkau, *Aufstieg*, S. 89; Wolfgang D. Müller, *Geschichte der Kernenergie in der Bundesrepublik Deutschland. Anfänge und Weichenstellungen*, Stuttgart 1990, S. 349f., 216ff.

（4）Battelle-Institute, *Bürgerinitiativen im Bereich von Kernkraftwerken, Bericht für das Bundesministerium für Forschung und Technologie*, Bonn 1975.

（5）Vgl. Rolf-Jürgen Gleitsmann, *Im Widerstreit der Meinungen: Zur Kontroverse um die Standortfindung für eine deutsche Reaktorstation (1950–1955)*, 2. Aufl. Karlsruhe 1987 (KfK 4186), S. 24, 191; これについて、私の以下の書評も参照。*Zs. f. Unternehmensgeschichte* Jg. 35/1990, S. 212.

（6）Müller, *Geschichte*, S. 190. 原子炉安全委員会については次も参照。Radkau, *Aufstieg*, S. 404ff.; Karl Winnacker/Karl Wirtz, *Das unverstandene Wunder, Kernenergie in Deutschland*, Düsseldorf 1975, S. 92f.（原子力委員会には「公式の接触はほとんどなし」！）

（7）Radkau, *Aufstieg*, S. 350ff.; David Okrent, *Nuclear Reactor Safety. On the History of the Regulatory Process*, Madison, Wisc. 1981, S. 24.

（8）原子力エネルギー委員会 Atomic Energy Commission の初期について研究プロジェクトを行っているラインハルト・フレスナー（北アメリカ研究センター、フランクフルト）からの報告。

（9）Okrent, S. 98ff., 103ff.

（10）Radkau, *Aufstieg*, S. 200, 389f.

（11）Joachim Radkau, Angstabwehr. Auch eine Geschichte der Atomtechnik. In: *Kursbuch* 85 (September 1986), S. 27–53.

（12）Ders., Nationalpolitische Dimension der Schwerwasser-Reaktorlinie in den Anfängen der bundesdeutschen Kernenergie-Entwicklung, in: *Technikgeschichte* Jg. 45/1978, S. 229–256.

(13) Ulrich Kirchner, *Der Hochtemperaturreaktor. Konflikte, Interessen, Entscheidungen*, Frankfurt 1991 (Campus Forschung).

(14) Radkau, *Aufstieg*, S. 376ff.; 染料会社ヘキストの同様の計画は、世間に知られることはなかった。これについては、以下を参照。Karl Wirtz, *Im Umkreis der Physik*, Karlsruhe 1988, S. 111. さらに一九八九年三月三日の筆者への口頭報告。ヴィルツは当時、ヘッセン州首相のための調書のなかで大都市近郊の原発建設を真剣に諫めた。

(15) Radkau, *Aufstieg*, S. 374ff.

(16) 原注（14）参照。

(17) Radkau, *Aufstieg*, S. 379.

(18) Dieter v. Ehrensten, Das militärische Interesse am Schnellen Brüter und die besondere militärische Bedeutung von Kriegseinwirkungen auf das Brüterkraftwerk Kalkar, in: Klaus M. Meyer-Abich/Reinhard Ueberhorst (Hg.), *AUSgebrütet – Argumente zur Brutreaktorpolitik*, Basel 1985, S. 102.

(19) Radkau, *Aufstieg*, S. 383f.; ders., *Sicherheitsphilosophien in der Geschichte der bundesdeutschen Atomwirtschaft*, in: Wolfgang Gessenharter/Helmut Förchling (Hg.), *Atomwirtschaft und innere Sicherheit*, Baden-Baden 1989, S. 97ff.

(20) Ebd., S. 103f.

(21) Radkau, *Aufstieg*, S. 347.

(22) これについては以下を参照。Wolfgang Krohn/Peter Weingart, „Tschernobyl" – das größte anzunehmende Experiment, in: *Kursbuch* 85 (Sept. 1986), S. 1–25.

(23) 当時のＫＷＵ取締役代表クラウス・バルトヘルトは、一九八七年九月二九日のＫＷＵのコロキウムで、その当時勇退したヴォルフガング・ブラウンへ賛辞を表し、「スリーマイル島第二原発の事故を、語の真の意味で綿密に――こう言って足りれば――追跡したこと」を格別の業績として強調した。

「あなたはその際、ほとんど犯罪捜査学的な厳密さでその事故の経過を再構成しました。そして、それは我々を他の誰よりも早く、何が起こり、そこからどのような結論を引き出すべきかを知りうる立場に置いたのです。」非常に複雑な技術システムにおける重大事故の新しい点は、そこで何が起きているのかを最初は誰も見通せないことにある、というチャールズ・ペロー（*Normal Accidents*, New York 1984）の中心テーゼの説明も参照のこと。

（24）Joachim Radkau, Kerntechnik: Grenzen von Theorien und Erfahrung, in: *Spektrum der Wissenschaft*, Dez. 1984, S. 87ff.

（25）最も有名となったのはペローである。原注（23）参照。

（26）Joachim Radkau, Hiroshima und Asilomar. Die Inszenierung des Diskurses über die Gentechnik vor dem Hintergrund der Kernenergie-Kontroverse, in: *Geschichte und Gesellschaft* 14/1988, S. 329–363.

（27）彼は在任時から同様のことを言っていた。Radkau, *Aufstieg*, S. 78.

（28）Radkau, *Aufstieg*, S. 211ff.

（29）Klaus Traube/Otto Ullrich, *Billiger Atomstrom?* Reinbek 1982; Jürgen Franke/Dieter Viefhues, *Das Ende des billigen Atomstroms*, Freiburg 1983; Ulf Hansen, *Kernenergie und Wirtschaftlichkeit. Eine Analyse der Stromkosten gebauter und geplanter Kernkraftwerke*, Köln 1983.

（30）Kurt Rudolf Mirow, *Das Atomgeschäft mit Brasilien – Ein Milliardenfiasko*, Frankfurt 1980; Bernhard Moltmann, Vergessene Vergangenheit – brisante Gegenwart – ungewisse Zukunft. Der deutsch-brasilianische Atomvertrag (1975), in: Wolfgang Lienemann u. a. (Hg.), *Alternative Möglichkeiten für die Energiepolitik*, Bd. 2, Heidelberg (FEST) 1977, S. 268–290; *Spiegel* 16.8.1982, S. 98ff., 23.10.1989, S. 149ff.

（31）Vgl. Constanze Eisenbart (Hg.), *Kernenergie und Dritte Welt*, Heidelberg (FEST) 1984.

（32）Joachim Radkau, Die Kerntechnik als historisches Individuum und als Paradigma: Zum Modellcharakter großtechnischer und anderer Systeme, in: *Jb. Technik und Gesellschaft* Jg. 1992.

（33）Rudolf Schulten, in: Hochtemperatur-Kernkraft GmbH (Hg.), *Die andere Art, Kernenergie zu nutzen*, Hamm 1986, S. 19. 原注（13）も参照。

（34）Vgl. Radkau, *Aufstieg*, Teil II.

（35）In: Meyer-Abich/Ueberhorst (Anm. 18), S. 199ff.

（36）とくにオットー・ケックは、増殖炉の歴史に関する様々な出版物のなかで、誤ったコスト計算が持つ意味を強調している。

（37）*Spiegel* 28.7.1986, S. 19ff.

（38）Joachim Radkau, *Technik in Deutschland. Vom 18. Jahrhundert bis zur Gegenwart*, Frankfurt 1989, S. 349f.

（39）Ebd., S. 339ff.

（40）しばらく前に、当時ジーメンス社の監査委員長だったベルンハルト・プレットナーは、ドイツ博物館（これについては以下を参照：*Süddeutsche Zeitung* 19.1.1987）が公刊したシルヴィア・ハラドキーの本『核エネルギー』（ミュンヒェン、一九八五年）に対して干渉し、当時この「陶酔」が存在したということを否定した。しかしながら、この陶酔は多くの当事者たちによって確証を得ている。たとえば以下を参照のこと。W. D. Müller (S. 158). フランスについては Betrand Goldschmidt, *Le complexe atomique, Histoire politique de l'ènergie nucléaire*, Paris 1980, S. 267ff.

（41）Peter Fischer, *Die Anfänge der Atompolitik in der Bundesrepublik Deutschland im Spannungsfeld von Kontrolle, Kooperation und Konkurrenz (1949–1955)*, Diss.(maschinenschriftl.) Florenz 1989; Franz Josef Strauß, *Die Erinnerungen*, Berlin 1989, S. 224. 「原子力省の設立は、他のあらゆる経済的な利点と並んで、地位や権威を再び獲得する試みの一部であり、技術を経由して政治を再びみずから形作り、他と対等に交渉できるようになる可能性であった。」

（42）Fischer, *Anfänge*, S. 66f.

（43）Joachim Radkau, Die Kontroverse um den „Atomsperrvertrag" aus der Rückschau, in: Constanze

Eisenhart/Dieter Ehrenstein (Hg.), *Nichtverbreitung von Nuklearwaffen – Krise eines Konzepts*, Heidelberg (FEST) 1990, S. 63–89.

(44) Ders., Das überschätzte System. Zur Geschichte der Strategie- und Kreislauf-Konstrukte in der Kerntechnik, in: *Technikgeschichte* 56/1998, S. 207–215.

(45) Egbert Kankeleit/Christian Küppers, Die Waffentauglichkeit von Reaktorplutonium, in: Udo Schelb (Hg.), *Reaktoren und Raketen. Von der zivilen zur militärischen Atomenergie?* Köln 1987, S. 60–73.

(46) Radkau, *Aufstieg*, S. 188.

(47) Matthias Küntzel, Auf leisen Sohlen zur Bombe? in: Schelb (Hg.), S. 184ff.

(48) Hans-Peter Schwarz, Adenauer und die Kernwaffen, in: *VfZG* 37/1989. Bes. S. 577f.

(49) 原注（12）参照。

(50) 顕著なドイツ国粋路線を取るＩＧファルベンのカール・ヴィナカーのような老獪な男でさえ、少なくとも核技術に取り組み始めた当初は、軍事的野心をわずかにでも疑われることに最大の不安を感じていた。戦犯裁判のトラウマがまだ影響を及ぼしていたのである。Strauß, *Erinnerungen*, S. 239.

(51) Radkau, *Kerntechnik* (Anm. 24), S. 74ff.

(52) Müller, *Geschichte*, S. 415. もっとも、ミュラーは、ジーメンス社は重水炉の商業上の失敗にもかかわらず、その際になされた経験から得るものがあったという見解である。

(53) Hans Matthöfer (Hg.), *Schnelle Brüter Pro und Contra*, Villingen 1977 (Argumente in der Energiediskussion 1), S. 58.

(54) Monika Renneberg, *Gründung und Aufbau des GKSS-Forschungszentrums Geesthacht*, Diss. (maschinenschriftl.) Hamburg 1989, S. 185, 229: ＧＫＳＳは「海辺のカールスルーエ」となるはずであったが、最後には単なる「産業プロジェクトのためのサービス部門」になった。

(55) 原子力論争の初期段階における関連文献に関する私の集合書評を参照。*Neue Politische Literatur* Jg.

1977, S. 309–345, 443–483.

(56) Joachim Radkau, Revoltierten die Produktivkrafte gegen den real existierenden Sozialismus? in: *1999. Zeitschrift für Sozialgeschichte des 20. und 21. Jahrhunderts* 4/1990, S. 13ff., 24f.

(57) *Westfalen-Blatt*, 12.2.1987. Joachim Radkau, Kernenergie-Entwicklung in der Bundesrepublik – ein Lernprozeß? Die ungeplante Durchsetzung des Leichtwasserreaktors und die Krise der gesellschaftlichen Kontrolle über die Atomwirtschaft, in: *Geschichte und Gesellschaft* Jg. 4/1978, S. 195–222.

(58) Joachim Radkau, Die Nukleartechnologie als Spaltstoff zwischen Frankreich und der Bundesrepublik, in: Yves Cohen/Klaus Manfrass (Hg.), *Frankreich und Deutschland. Forschung, Technologie und industrielle Entwicklung im 19. und 20. Jahrhundert*, München 1990, S. 302–318.

(59) Joachim Radkau, Zum ewigen Wachstum verdammt? Historisches über Jugend und Alter großer technischer Systeme, Berlin (WZB) 1991.

(60) Alois Riedler, *Emil Rathenau und das Werden der Großwirtschaft*, Berlin 1916, S. 247.

(61) とりわけそれがはっきりしているのは高温ガス炉についてである。原注（13）参照。

(62) Traube/Ullrich (Anm. 29), S. 99.

(63) Radkau, *Aufstieg*, S. 88f.

(64) こうした印象は、たとえば以下によって引き起こされる。Wolfang Zängel, *Deutschlands Strom. Die Politik der Elektrifizierung von 1866 bis heute*, Frankfurt 1989. これに関する私の書評も参照。*Techinikgeschichte* 57/1990, S. 148f.

(65) Joachim Radkau, Die Kernkraft-Kontroverse im Spiegel der Literatur-Phasen und Dimensionen einer neuen Aufklärung, in: Armin Hermann/Rolf Schumacher (Hg.), *Das Ende des Atomzeitalters? Eine sachlich-kritische Dokumentation*, München 1987, S. 307–334; ders., *GWU* 31/1980, S. 486–502, und *NPL* Jg. 1983, S. 5–56.

(66) Tom R. Burns/Reinhard Ueberhorst, *Creative Democracy. Systematic Conflict Resolution and Policymaking in a World of High Science and Technology*, New York 1988, S. 98.

(67) *Spiegel* 18.7.1983, S. 23; *Manager Magazin* 1/84, S. 73.

(68) Wolf Häfele, *Hypotheticality and the New Challenges: The Pathfinder Role of Nuclear Energy*, Luxenburg 1973 (IIASA Research Report 73–114).

(69) *Zukünftige Kernenergie-Politik. Kriterien – Möglichkeiten – Empfehlungen. Bericht der Enquete-Kommission des Deutschen Bundestages Teil I*, Bonn 1980 (Zur Sache 1/80), S. 32; Radkau, Sicherheitsphilosophien (Anm. 19). S. 102.

(70) Friedrich Münzinger, *Atomkraft*, 3. Aufl. Berlin 1960, S. 210. それどころか、オートメーションは、それを操作する担当者を事故に際してお手上げ状態にするため、原発の安全性を減少させかねない、という。「広範囲に及ぶオートメーションと機器使用によって感銘を与えられた多くの訪問者は、この膨大な出費は必ずしも特別な進歩のしるしとしてみなされてはならないことを考慮すべきである。」この経験を積んだ原発建設者によって書かれた核の初期時代の基本文献は、もし、相応の論議がなされていれば、原発の安全性を考察することに当初からいかなる合意の可能性が存在したのか、ということをはっきりと示している。しかし、当時のあいまいで無批判な同意の雰囲気は、そうした論議をせずに残しておいたようだ。

## 訳注

＊1 一九〇一—七六年。量子力学の基礎を確立し、原子核物理の発展を主導した理論物理学者。一九

三二年にノーベル物理学賞受賞。
＊2　一八八五―一九七七年。ユダヤ人のマルクス主義哲学者。ナチ時代は亡命を余儀なくされたが、戦後ドイツに戻り、一九六八年の学生運動にも影響を与えた。
＊3　一九五五年に核エネルギーの平和利用を推進する原子力問題省として設立されたのち、科学や研究全般の振興を担当する省に発展。本文後出の研究省と同義。現在の教育・研究省。
＊4　Badische Anilin- und Sodafabrik AG の略称。バーデン地方のルートヴィヒスハーフェンを本拠地とする総合化学会社。一九世紀後半に社名となったアニリンとソーダの製造を開始した。
＊5　ガウとは、とくに原子力発電所における想定可能な最大規模の事故のことであり、ズーパーガウとは、ガウを超える事故を指す。
＊6　インド洋南部、南極地域にある火山岩の島群。一八世紀後半にフランス人によって発見されて以来のフランス領。
＊7　原子炉製造・販売を行う株式会社。一九六九年に政府からの後援を受けて二大原子炉企業のジーメンス社とAEG社が共同で設立した。
＊8　ルール地方のエッセンを本拠地とするエネルギー企業。一九世紀末に設立され、電力会社としては現在ドイツ第二位。
＊9　西欧同盟。冷戦下の一九五五年に、西ヨーロッパ諸国によって結成された地域的軍事機構。
＊10　欧州防衛共同体。西ドイツの再軍備やNATO加盟を阻止すべく欧州防衛軍を組織するための構想。一九五二年に関係諸国間で条約が調印されるが、条約は発効しなかった。
＊11　purex process. 使用済みのウラン燃料の再処理法のひとつ。日本や欧米の大部分の再処理施設で採用されている方法でもある。

# ドイツ原子力産業の興隆と危機 一九四五－一九七五年
## ——結論　研究成果と実践的な諸帰結

### 核エネルギーの発展の原動力とそのコントロール可能性を求めて

核エネルギー技術の発展の原動力を探すにあたって真っ先に断念されるべきなのは、その中心的な原動力を、究極的には技術の進歩とそれに固有なダイナミズムのうちに探そうとするような観念である。原子力産業の成立過程をつぶさに追跡するなら、この種の進歩モデルが当てはまらないのは明らかである。そもそも「技術の進歩」を同定することさえ十分に難しいのである。それよりもむしろ、技術的発明能力の退歩のほうが、ずっとはっきりしている。というのも、ますます多くの核技術上のオルタナティヴが十分な検証もなされぬままに放置された結果、ひょっとしたら達成できたかも知れぬ安全性の問題のより包括的な解決策が忘却されることになったからである。核技術の発展を統御していたのは、技術的事象の強制力ではない。その都度なされた選択を支持する技術的論拠があとから十分に見出されたとしても、そうした論拠は歴史上しばしば、まずは副次的なものとして出現したのである。

「技術」は固有の法則に則したシステムではないということ、「技術の進歩」は固有の性質を持つ原動力ではないということ、そして、「技術的合理性」は一義的なものではないということ――これら三つの事柄が繰り返し明らかになった。こうした事情のもとでは、生産力の発展を社会の起爆力とみなすマルクス主義的歴史像も、ほとんど意味を持たないのである。

科学の進歩もまた――最初期を除けば――核技術の発展の原動力ではなかった。というのも、原子力研究にとって、原子炉技術はほどなく重要性を失ってしまったからである。それどころか、カールスルーエ原子力研究センターの内部では、増殖炉開発と基礎研究がただちに競合関係に陥ったのだった。ちなみに、核技術の開発が他分野の技術的進歩を後押ししたということも、はっきり認識することはできない。単一の分割不可能な技術的進歩という観念に見切りをつけるなら、スーパーテクノロジーの「牽引者」的役割という、一九五〇年代、六〇年代に広く流布した神話もまた崩れ去る。

核技術の歴史に取り組むにあたっては、広く流布した経済的な説明図式、すなわち市場や需要のうちに根本的な原動力を認めようとする説明図式もまた、忘れてしまってかまわない。核エネルギーは、カバーしきれぬエネルギー需要への直接の対応として開発されたわけではない。むしろ核エネルギーの全歴史を通じて驚かされるのは、エネルギー政策的な考慮の欠如である。こうした事実とも符合して、まさしく電力会社こそが、長きにわたって核エネルギーの推進を阻害する要因であったのだ。

エネルギー政策に関わるモチーフは、曖昧模糊とした思弁としてのみ、原子力政策の周囲をさまよっていた。一九五〇年代の半ばにはまだ「エネルギー不足」の不安が、戦中および終戦直後の時代の遺産として、とくにルール地方の炭鉱から離れた地域には残っていた。当時、原子力の未来を喚起することは、ルール地方の石炭への重苦しい依存を軽減する方策として役立ったのだ。――しかし、その後すぐに石油の過剰供給によって、状況は一変してしまった。これ以後、ボン〔西ドイツ〕では、「エネルギー政策」とはエネルギー源の過剰供給との取り組みを意味するようになった。それでも長期的に見ればエネルギー不足が予見されることは、確かに忘れられてはいなかった。しかし、この漠然とした見通しは、それ自体として実際的な重みをもたなかったのである。それでも原子力政策が依然としてエネルギー政策上のモチーフを保持しているとするなら、それはむしろ長期的視野に立ったエネルギー上の備えの欠如を埋め合わせる代理行動として特徴づけられうる。原子力政策の独特の硬直性と偏執は、こうした事情に合致している。

核エネルギーの発展を支配した特定の勢力や組織や利害集団が存在するのだろうか。このレベルにおいても、満足のいく原因にたどり着くのは難しい。数十年に及ぶ期間をまたいでひとつの主要なアクターを同定することは容易ではない。この困難は反原発運動の文献にも表れている。反原発運動は、敵の明確なイメージを描くのに失敗することが多かったのである。敵は産業界なのか、国家なのか。それとも産業界と国家機構が緊密に結びついた複合体なのだろうか。あるいはまた、社会システムの全体が敵なのだろうか。詳細に考察してみると、これらの勢力のいずれも、核技術の歴史にとって、十全な意味での行動主体ではないことが明らかになる。

考えられるアクターをひとつひとつ検討してみよう。まずエネルギー産業だが、長きにわたって、ここにイニシアチブがなかったことは明白である。原子力発電所の高額の建設費用を負担することなしに安価な運転費用の恩恵のみを期待できる化学産業などの大規模電力消費者はどうだろう。こうした産業にとって、核エネルギーは原則的に魅力を備えていたと言ってよい。製造業について言うと、この業界は輸出志向が強く、アメリカ合衆国に対抗して固有の特徴を手に入れられる原子炉タイプを必要とした。

しかし、諸々の異なる経済的利害からは、単一の原子炉戦略は生まれなかった。また、これらの利害が国家によって設定された枠組から独立して存在していたのではないことも、かなりはっきりしている。アメリカ合衆国では、政治的枠組はさらに明確である。アメリカの民間企業が早い時期に核技術分野で活発に活動し始めたのは、何よりもまず、この分野が国家によって完全に

占有されるのを未然に防ぐためであった。(1)

　ということはつまり、国家が主要なアクターだということになるのだろうか。実際、国家の諸機関は、決定的な局面で重要な役割を果たした。*1 一九六〇年頃には、核技術の採算性の欠如に対する不満が、「それにもかかわらず国家の強力な利害のゆえに核エネルギーの産業的発展はすぐに進展するだろうという安心感によって、ほぼ抑圧された」(2)。だが、国家は核エネルギーの開発を経済的利害によって正当化し、つねに経済界による承認を求めた。エネルギー産業部門の大部分は国営ないし半国営であったにもかかわらず、国家はエネルギー産業に対して核エネルギーを押し通すこともできなかった。西ドイツ国家は、原子力産業を効果的にコントロールする手段もまったく持っていなかったのである。

　しかし、いくつもの分科会を備えたドイツ原子力委員会は存在した。その分科会では、原子力産業と専門家集団の重鎮が、官庁の役人と会議していた。ということは、「国家独占資本主義」モデルに対応し、核技術の開発を全権指揮した複合体が、すなわち、大産業、原子力研究、省庁官僚からなる複合体が存在したのだろうか。だが、実際には、原子力委員会は、文献のなかでしばしばそれに付与されるような強力な役割を担っていなかった。国家、産業界、原子力研究のあいだに横断的関係のネットワークが存在したのは確かである。しかし、このネットワークは、全体として見ると、機能する機関でも、コントロール中枢でもなかった。それどころか全体として見ると――詳細に論じたように――、原子力複合体の増殖とともに、その個々の部門の独立性もまた高まったのである。(3)「国家独占資本主義」モデルは、特定のいくつかの状況には当てはまるものの、機能様態や発展傾向には当てはまらない。

しかしながら、「国家独占資本主義」の理論に対しては、国家の経済活動の拡大を経済に対する国家の影響力の強化と同一視することはできないという点で、同意しなければならない。そうした影響力の強化とは正反対のことが起こりうるのであり、原子力産業の歴史でも、そうしたことが観察できる。すなわち、国家の経済活動の増大は、国家の諸機関をそれまで以上に民間経済の影響にさらすことになり、特定の経済的利害との国家の同一化を強化しうるのである。それどころか、そのとき国家は、国家の政策を骨抜きにする新たな利害集団の経済界における結集と強化に寄与することすらありうる。原子力産業のなかで政治のスローガンに最も反抗的な態度を示したのが、国営ないし半国営の企業が大半を占めるエネルギー産業であったという事実を考慮するなら、国家の経済活動の拡大を経済に対する政治的コントロールの強化と取り違えることはできないのである。

それでは、核エネルギーの発展の背後にあったのは、社会システムの全体だったのだろうか。事実、一九五〇年代には――必ずしも幅広い住民層のあいだにではなかったにせよ――すべての権力集団のあいだに、核エネルギーに有利な合意が明瞭に存在したことが認められる。しかし、この合意が最も強固であったのは、まだ行動も投資もほとんど真剣になされていない時期のことであった。それに続く時期になると、核エネルギーの開発は、しばしば非体系的に、また首尾一貫しない仕方で推進された。とくに状況が打開された決定的な数年間には、政治と公衆（Öffentlichkeit）の関与はわずかなものでしかなかった。一九七〇年代に入り、核エネルギーがもはや合意ではなく意見の不一致を生み出すことが明らかになったとき、国家当局は素早く遅延戦略に移行したのだった。

デモの参加者の多くが、警察の集中的な権力を目の当たりにして、核エネルギーは既存体制の核心に関わっていると感じたのだとしても、その印象は歴史研究によっては裏付けられない。少なくとも、核エネルギーないしは特定のタイプの原子炉技術の断念が、西ドイツにおいて不可能であるべき原則的な理由は、認識できないのである。

歴史研究は現在の核技術がすでに長い前史を持っていることを示している。だがそれはまた同時に、その発展の途上には多くのオルタナティヴが存在したことをも明らかにする。出来事の不可避的な連鎖は、おそらく個別的には認められるかも知れないが、全体としては認められない。

原子力技術の発展の起源とその経過は、特定の事象に由来する強制力にも、特定の権力集団や組織にも、固定することができない。むしろ起源という性質を備えているのは、国家と民間経済と研究とのあいだの関係を特徴づける特定のメカニズムである。そして、まさにこのメカニズムこそが、核技術の弱点に直結してもいるのだ。そこでは、相互のライバル関係、他のアクターの持つ諸性質を模倣したり、手に入れようとしたりする試みが、特別な役割を果たしている。国家は経済的な役割を果たそうとし、産業界は自分たちの利害を国の利害によって飾り立てようとするのである。(4) 産業界の人間は、原子力と取り組むにあたって、国家の権力追求を当てにしていた。既存の核保有国とは異なり、ボン〔西ドイツ〕ではこの権力追求はそれほど明確に表明されていなかったものの、存在していたのは確かであり、それは初期のプルトニウムへの衝動のなかに表れていた。しかしながら、原子力産業にとって、「国の」利害や国家の後ろ盾がどの程度信頼に足るものなのかは、つねにはっきりしないままであった。

一方、政治家にとって、核エネルギーに対する真の経済的需要がどの程度存在するのかを見極めるのは、必ずしも容易なことではなかった。国家は原子力政策によって経済の将来的需要を先取りしようとしたのだが、たいして成功したわけでなかった。カールスルーエの原子力研究〔カールスルーエ原子力研究センター〕が、増殖炉の開発に際して性急に大型発電所の建設に移行したとき、原子力研究は産業界を模倣したのだった。——そして、この決断によって、研究は袋小路に陥ることになったのである。*2

したがって、核エネルギーの発展を規定したメカニズムは、安定したシステムを生み出しはしなかったのだ。関係者のあいだで相互に支え合い、リスクを転嫁し合うおなじみの実践についても、このことが当てはまる。そうした実践には、核技術の実際のリスクとこの技術の思弁的性格が反映していた。政治は経済に依拠し、経済は政治に依拠した。そして、政治と経済はともに科学に拠り所を求めたが、科学のほうもまた政治と経済に支えを求めたのである。――このように錯綜した関係のもとでは、核技術の実際の有用性を明らかにすることは不可能となった。

核技術が既成事実化した時代になってようやく、この技術はその利害基盤をいわばみずから作り出した。だが、この利害は脆弱であり、合理性を欠いている。燃料サイクルの欠陥のある発展や、現在の原子炉と未来の原子炉とのあいだの連関の欠如や、核エネルギーが短期的なエネルギー供給を目的とするのか、長期的なエネルギー供給を目的とするのか不明確なままである点に、そうした脆弱さと合理性の欠如が表れている。

こうしたことすべてにもかかわらず、原子力政策の特殊性が問題なのだという印象を喚起するのは誤りであろう。むしろ本研究の結果が示しているのは、原子力政策には政治の通常の弱点が完全に見出されるということであり、この政策は事象固有の合理性によって特徴づけられる特別な部門ではないということである。とりわけ歴史家の立場から見るならば、本書で提示された国家と経済の親密さを後期資本主義の特定段階の特徴とみなす理論構成には慎重にならざるをえない。というのも、近世以来、資本主義の興隆と国家の官僚制の興隆は、多様かつしばしば災厄をはらんだ仕方で相互に結びついてきたからである。

また、核技術という事象に備わる必然性ゆえに国家の特別な関与が不可避となったという広く流布した想定も間違っている。まさしく軽水炉なら、西ドイツでは国家の支援などなくとも導入可能であったろう。——いずれにせよ、国の原子炉政策は、軽水炉の開発にほとんど何の寄与もしなかったのである。[*3] 国家と経済の結びつきは、必ずしも核技術に由来する必要性を反映しているわけではない。そうではなく、それはドイツの「組織された資本主義」の伝統に根ざしているのである。この伝統は、ルートヴィヒ・エアハルト〔一九四九—六三年西ドイツ経済相、一九六三—六六年西ドイツ首相〕のリベラルな声明によっても、ただ表面的に中断されたにすぎなかった。[(5)] ドイツにおける「組織された資本主義」の歴史的経験——つまりカルテル制度からナチの経済集団や世界大戦時の「国防経済」までの諸経験——は、こうした秩序構造のなかにもっぱら合理的なものやポジティヴなものを見て取ることを妨げる。そして、原子力産業に関するこれまでの経験からも、あえてそうした見方をする根拠は見当たらないのである。

## 監督機関の問題

以上の考察から、いかなる実践的帰結を引き出せるだろうか。核エネルギー開発をコントロールするのに適した勢力は、どこに見出せるのだろうか。

国家政策の強い関与や国家と民間経済との相互作用における非常にやっかいなメカニズムの指摘は、次のような推測に根拠を与えるかも知れない。すなわち、核技術の合理的なコントロールが最も適切に保証されるのは、この技術を――当初西ドイツでも予定されていたように――明確かつ一義的に民間のイニシアチブに委ね、国家の活動を基礎研究の領域に限定する場合ではないだろうか。実際、核エネルギー開発をコントロールするには、産業界自身によるコントロールが最も効果的であったろうという想定には、それなりの根拠がある。経済界がリスク保証をも含めたすべての事柄に対して、みずから責任を負わねばならなくなることによって、そうしたコントロールが実現されうると想定できるのだ。

今日の西ドイツでは、原子力に対する批判は、ほとんどの場合、「左翼的な」立場と結びついている。そのために、原子力産業の歴史がまさしく経済リベラリズムの立場にとってとりわけスキャンダラスであることが、覆い隠されてしまっている。だが、原子力政策に対する――インサイダーの知識に基づく――とりわけ鋭い批判は、まさしく市場経済的な論拠によって繰り返し表明されてきたのである(6)。この批判によれば、市場経済の自己制御メカニズムから合理性が期待できたにもかかわらず、国による数十億マルクの補助金とリスクの引き受けによって、この合理性が台無しにされてしまったのである。

歴史認識として見るならば、こうした見解には、疑問の余地なく真理が含まれている。核エネルギーの開発が、世界中で性急に、しかも多数のオルタナティヴを無視するかたちで推進されるとともに、その費用とリスクが不透明に保たれてきたとするならば、その原因は国家による強力な後ろ盾にある。国の補助金を大幅に削減することによって、おそらく費用と時間がさらに節約されるだけでなく、核技術が抱える諸問題の透明性も高まるだろう。連邦議会で使用済み核燃料の処理に関する公聴会（一九七六年）が開催されたとき、驚くべき光景が展開した。その公聴会で再処理費用の大部分を民間経済がみずから負担せねばならないことが明らかにされると、化学産業とエネルギー産業の双方の代表者たちは、急に異例の率直さで再処理のリスクについて語りはじめたのである。(7)

ちなみに、歴史的な洞察から国家の役割について実践的な帰結を引き出すのは、なかなか難しい。もし国の助成がまったく存在しなかったとしたら、核エネルギーの開発はどのように展開しただろうかと熟考してみても、国家の後ろ盾のもと世界中ですでに既成事実が積み上げられてしまった現状にあっては、ただちに実践的な処方箋を得ることはできないのである。もしこうした現状のもとで国家が原子力産業をそれ自身の手に委ねるならば、おそらく既成事実が完全に承認される結果にしかならないだろう。このことはとくに軽水炉の優位に当てはまる。軽水炉は、燃料サイクルを経由して軍事技術と絡み合っており、軍事技術から利益を得ているのである。

そもそも核技術の開発が意味を持ちうるとするならば、それはこの技術の開発が非常に長期的な視野に立って——つまり核分裂生成物の最適な利用と最小限の長期的リスクに眼目をおいて——推進される場合だけであろう。しかし、市場メカニズムと経営上の計算は、まさしくそうした長期的視野に立つ開発を保証することができない。増殖炉の開発には経営上の刺激が存在せず、核技術の安全性のうち、動作信頼性〔通常運用における信頼性〕と同一でない部分は、電力会社の商業的利害ではカバーされない。そのうえ、本論で詳細に論じたように、現在の原子炉技術は、安全性の利害と採算性の利害とのあいだに激しい対立を生み出してきた。こうした点を考慮するなら、単純に原子力産業をそれ自身の手に委ねることは、非常に憂慮すべきことであろう。

ところで、リベラルな経済理論が想定する理想的な市場の能力と、現実の民間経済の実証的に確認可能な能力は、鋭く区別しなければならない。核技術の歴史を概観するとき、民間経済の影響が高次の合理性として作用したと認定することはできない。初期に見られた国家の強い関与に対する抵抗は、産業界が核技術を自由市場に委ねることを望んだということを意味しているのではなく、産業界が核技術をドイツの大産業の自己制御メカニズムに委ねようとした、ということを意味しているにすぎないのだ。また、民間経済のほうが省庁の官僚よりも核エネルギーに通じており、幻想を抱くことも少なかったと認めることはできない。もちろん産業界は、原子力発電所によってできるだけ早く目に見える利益をたたき出そうという利害の点で、国や研究とは異なっていた。しかし、その他の点では、産業界により高次の合理性を認めることはできないのである。核エネルギー開発の過程で、国家と経済界が異なる思考様式を持ち明確に区別される勢力として現れることは、希であった。

原子力産業のうちに強力に機能するシステムが存在したのは確かである。しかし、このシステムの機能の仕方は、核技術の特殊な諸問題を克服するように調整されてはいなかった。どちらかと言えば、既存のシステムの力が成功の確実性という偽りの幻想を振りまいたのだった。この数十年の間に国際的に高度に企業連合化した電力産業は、表面的には従来の発電所にかなりの程度まで適合させられた原子力発電所を、難なくそのグローバルな販売システムに組み込むことができるように見えた。しかし、ブラジルとの取引は、由々しいほどの自己の過大評価、いやそれどころか現実感覚の喪失を暴露したのだった。このブラジルとの取引は、まさしく常軌を逸した規模のものであり、ブラジルの現実とまったく釣り合いが取れていなかったのだ。[*4] その際、政治と経済の相互作用は、外界に対する盲目性をさらに高めたように思われる。

歴史的事実を見る限り、民間経済は、国家によって守られた原子力産業に対する印象深いオルタナティヴだとは言いがたい。だが、これまでの事態の進展から判断するなら、国家と経済の相互作用がより透明性の高いものになるならば、核技術開発の合理性も高まるだろうと結論することはおそらく可能である。しかしながら、原子力政策に関わる諸勢力や諸機関の内部に、効果的なコントロールを持続的に遂行するメカニズムが備わっているとは認められない。したがって、すでに存在するメカニズムをより適切に活性化すればそれでよい、というわけにはいかないのだ。他方、核技術の開発には、いくつもの矛盾が含まれており、批判的公衆（kritische Öffentlichkeit）は、そうした矛盾を足がかりにすることができるだろう。

## 核技術の安全性に対する歴史的に根拠づけられた疑念

安全とは一回限りの措置ですべて確保できるような代物ではない。核技術の場合には、なおさらである。注意を払い、経験を消化し、それまで見落としていた潜在的危険と率直に向き合う持続的プロセスによってのみ、安全は保証されうるのである。したがって歴史研究は、安全に関わる状況を判断するための、いくつかの観点を提供することができる。

根本的な懸念のひとつは次の点から生じる。すなわち、核エネルギーのリスクの大半は、原子力施設〔発電所〕の完成後、明白かつ具体的には現れないものであり、また長期的な放射線障害では、ほとんどの場合、責任の所在の厳密な証明が不可能なのである。したがって、エンジニアや経営管理者の行動様式が核技術の潜在的危険に対する適切な対応へとおのずから導かれるのかどうか、根本的に疑ってみる必要がある。原子力産業をリードする企業〔AEGのこと〕が、危機的状況のなかで自社の従業員の年金共済金庫にまで手をつけることが明らかになったのであれば、そうした企業が未来の諸世代の健康を自社の利害の一部とみなしているとは、到底想定できない。

核技術の開発は最初から最高度の安全意識を持って行なわれてきたという主張をしばしば耳にするが、それは明らかな誤りである。とりわけ初期には放射線生物学との対峙が意図的に避けられていた。そもそも極端に高い安全意識があったとするなら、それはその後の核技術開発の過程で――ネガティヴな経験と外部からの圧力によって――ようやく生じたのだった。

軍事的な核分裂生成物獲得と核技術との結びつきは、決してきっぱりと解消されてこなかった。いやそれどころか、解消のためのシステマティックな努力すら認めることができない。これもまた根本的な懸念を抱く理由である。一九五七年のゲッティンゲン宣言も、その十年後の核拡散防止条約〔発効は一九七〇年〕も、民生用原子炉技術を爆弾製造のテクノロジーから切り離すような新たな技術的解決策をもたらさなかった。それどころか、そうした新たな解決の道筋に考えをめぐらすことさえ、なされなかったのである。依然として、原子力発電所は、「燃料サイクル」、ウラン濃縮、〔使用済み核燃料の〕再処理を経由して、爆弾製造と結びついている。つい最近も、西ドイツも出資したフランスの増殖炉がフォルス・ド・フラップ〔フランスの核戦力〕にプルトニウムを提供していることが、報道によって確かめられたところである(8)。核兵器は核技術の最大の勝利であり続けているのだ。

ところで、核技術開発のテンポとテクノロジーの時期尚早の硬直化もまた、憂慮の種である。一般的に言って、複数のオルタナティヴを実験し、様々な経験を集め、評価する時間がなかったのである。核技術は、実践的経験によってのみ、最高度の安全性に到達することができるだろう。しかし、今日にいたるまで、原子炉安全性研究と「安全哲学」は、現実の経験に対してぎくしゃくした関係を示している。(9) また、ドイツの原子炉安全性研究がアメリカ合衆国に対して遅れをとっており、それを模倣していることも、懸念材料である。人口密度の高い西ドイツではアメリカのような距離基準を設定することができないのだから、むしろ安全性研究においてアメリカに先んじているべきだろう。

安全性のコンセプトの変化もまた、原則的に憂慮すべき事柄である。「固有の」安全性、すなわち最悪の場合にも原子炉の内部特性によって保証される安全性のコンセプトから、主に外部装置によって確保される安全性のコンセプト（「工学的安全装置」）への移行が生じたのである。しかもその際、「固有安全性」という概念すら抑圧された。これによって、原子炉の安全性は、極度に見極めがたく、あまり信頼のおけない領域になってしまった。というのも、外的な安全対策の信頼性は、つねに原則的な疑念にさらされているからである。そのうえ、これによって安全性と採算性の対立が避けがたくなった。ハリスバーグの事故（スリーマイル島原発事故）が示したように、危機対応を要求される「人間という要因」に、過剰な負担がかけられるのだ。本来ならば、操作員たちはつねに緊急事態に備えた警戒態勢でいなければならないはずだろう。しかし、長期間にわたってそうした態勢を維持し続けられるとは思えないし、原子力発電所は絶対に安全であるというプロパガンダもまた、そうした態勢でいることを妨げる。

核エネルギー開発において憂慮を抱かせるのは、リスクの総体を考慮の外に置くという戦略である。国家保証によって、民間経済は大事故発生時に全責任を負うという負担を軽減されたのである。また、燃料サイクルを構成する他の部分のもたらすリスクと向き合うことなしに、原子力発電所は建設されてきた。そして、極めて恣意的に「最大想定事故」が設定され、それを越える事態を想定した安全措置は不要とされることになったのである。

ここで言及されているのは、ある致命的な発展である。すなわち、原子力施設の「安全性」が、ますます認可可能性と同義になっていったのである。原子炉の安全性確保の努力は、ますます特定の形式的要件を満たすことを目指してなされるようになった。だが、この形式的要件は、主に官僚機構の自己防衛の欲求によって規定されていたのである。これによって、安全性問題の包括的で新種の解決策が妨げられることになった。原子力関連のプロジェクトの運営においても、安全性に対する責任の一部を外部機関に引き渡したことが、ネガティヴな仕方で表面化しているようである。(10)

とくに堪え難いのは、まさしく核エネルギーをめぐる論争が展開する過程で観察された、安全性研究と「受け入れやすさ」の研究との混合である。「受け入れやすさ」の研究は、動揺した世間に対して、どうすれば安全という印象を喚起することができるのかを研究するのである。当時フォード財団の核エネルギー政策研究グループのメンバーだったアルバート・カーネセールは、正当にも次のような不条理な状況を指摘していた。すなわち、アメリカ合衆国で毎年、原子炉安全性研究に支出される約一億ドルのうち、「九千万ドルかそれ以上」が「既存のシステムが安全であることを証明するのに使われ、そのシステムをより安全にするために使われるのは、せいぜい一千万ドル程度にすぎない」(11)のである。増大する安全義務がまさにこうした不合理な行動様式を後押しすることによって、状況は完全に逆説的なものとなる。

ここにいたって、原子力施設の安全性を制度的に保証する際の根本的なジレンマが見えてくる。効果的な安全性のチェックは相矛盾した性質を要求するのである。それは原子力産業に対する近さと遠さを同時に要求する。一方において、安全性は、日々施設を運用する現場の実務者によってのみ、技術的に保証されうる。しかし他方では、強力な経済的利害に抗して高い安全規準を認めさせるために、外部からの強い圧力が不可欠なのだ。だが、この外部からの圧力は、原子炉安全性研究の大半がこの外的圧力に対処する戦略のために浪費されるという結果をもたらすのである。

純粋に組織的に見るならば、安全性が最も適切に保証されるのは、明確かつ一義的に全責任を負い、厳格に運営される機関が現場に置かれる場合だろう。しかし、その際にはおそらく、限定的な安全性の概念——もっぱら動作信頼性を中心とする安全性の概念——が適用されることになるだろう。より幅広い安全性の利害は、他の諸機関を関与させることによってのみ確保されうる。——だが他方では、安全性に関わる権限のそうした分割は、新たなリスクという対価を伴っている。

もうひとつ別のレベルでも根本的なジレンマが認められる。技術史において、安全性はつねに実践的経験を通じて、すなわち「試行錯誤」によって達成されてきた。——しかし、核技術では、まさにこの方法が非常に危険なものになりうるのだ。そこでは、比較的大きな間違いをすることが許されないのである。今後まだ長い間小規模な実験炉で満足するなら話は別であるが、そういうわけにはいかなかったので、理論的な予測計算で急場をしのぐことが試みられた。——しかし、この方法には原則的な不確実性がつきまとう。原子炉の大事故が起こる確率を十億分の一と算定する理論的計算は、実際の原子炉技術の開発にではなく、ただ核技術を世間に「受け入れさせること」にのみ役立っているのではないかという印象を抱くことは少なくない。原子炉設計者たちの硬直した保守的態度は、彼らが現実には、理論ではなく経験を信頼していることを証明している。しかし、核技術の場合、信頼できる経験とは何であろうか。

## 専門家と経験

「経験」は並外れて多義的な概念である。——科学的ないし技術的な意味での「経験」となればなおさらである。イムレ・ラカトシュは、科学史を念頭に置きつつ、「ひとが経験から何を学ぶのかを正確に決定するのは」途方もなく難しいと述べている[12]。経験とは、ひとが所有するものであると同時に、いくらあっても決して十分すぎることのないものでもある。経験とはひとが頼るものであり、かつ、ひとがするものである。経験は古くから伝わるものを固守するが、実験にも通じている。そして、経験は特定の熟練した技能のうちに現れるだけでなく、そうした技能の利用可能性が限定されていることを感知する能力のうちにも現れる。

　文献を読んでいると、自然科学と技術の近代的発展に伴って、経験は実験によって、また経験的思考は理論によって抑圧されたという見解にしばしば出くわす。だが、実際の発展はもっと矛盾に満ちている。費用の増大は、実験をより困難でリスクをはらんだものに変え、それまで以上に政治的・経済的観点を持ち込んだ。原子力の発見が当初、理論の偉大な勝利とみなされたのに対して、理論家は原子力技術をさらに発展させることができなかった。

　原子炉についてドイツで最初の基本文献を執筆したフリードリヒ・ミュンツィンガーは、どちらかと言えば原子力に対して懐疑的であったが、経験をエンジニアの特質として強調した。しかしながら、ミュンツィンガーがそこで言わんとした経験は――彼自身も大いに強調しているように――特定分野に特化した専門家の知識ではなく、多くの人生経験を含む、より包括的な特質であった。それは厳密な計算によって把握できることの限定された射程を感知する能力を含み、とくに技術の新領域で特別な重要性を獲得した特質だった。(13)

こうした意味での経験は、その核心において、つねにネガティヴな経験でもあった。ハイゼンベルクは、対話体で書かれた回想のなかで、デンマークの原子物理学者ニールス・ボーアの発言を引用している。ボーアは「専門家とは何か」という問い――これはのちに核エネルギー論争のなかでますます論争的になった問いであるが――に答えて、以下のように熟考をうながしたのだった。「多くの人々はひょっとしたら、専門家とは当該分野について非常に多くのことを知っている人間であると答えるかも知れない。しかし、私にはこの定義が正しいとは思えない。というのも、そもそもひとは、ひとつの領域について本当に多くのことを知ることなど決してできないからである。私ならむしろこう言うだろう。専門家とは、当該分野でひとが犯しうる最も重大な誤りのいくつかを知っており、したがってまたそうした誤りを避ける術を心得ている人間である、と。(14)」だが、技術や自然科学の知が歴史を欠いた体系性によってみずからを提示するとき、そうした誤りが記憶から排除されることになる。歴史研究はこの「非常に厄介な形の歴史の捏造」

ができる。

（A・C・クロムビー[15]）を明らかにすることによって、技術的・科学的経験の維持に寄与すること

こうした考察は、原子力技術の歴史を考える際に実践的な意味を獲得する。ひとは本書で叙述された歴史全体のうちに、萎縮した経験概念の誤解をもたらす効果に関する教訓劇を見ることができるのである。

一九六〇年代初頭に原子炉のタイプを選んだ際、ひとはどのタイプの原子炉が最も「検証されているか」という規準に依拠しようとしたのだが、いまから振り返ってみると、こうした努力が的外れであったことをはっきり認識できる。まだ原子炉技術の真の「検証性」など問題になりえなかったこと、そしてこのテクノロジー全体がまだまったく成熟段階にいたっていなかったことが、その当時は考慮されなかったのである。とくに、西ドイツで最も早い時期に「検証された」沸騰水型原子炉は、最終的に悪い選択肢であったことが明らかになった。すでにある出来合いの経験が甲斐無く探し求められるなかで、実験――つまりまだこれからなされるべきであった経験――がおろそかにされたのである。

放射性のシステムと取り組むことになるやいなや、従来型の発電所技術の経験は限定的な有効性しか持たなくなるということも、ほとんど認識されなかった。産業界とエネルギー業界の経験的思考は、原子力発電所における従来型技術の割合をできるだけ大きくしようとする努力に導い

た。これと似た理由から、減速材と冷却材として水が用いられることになった。しかしながら、まさにこの戦略によって、ひとは原子力発電所の安全確保にあたって、憂慮すべき仕方でそれまでの経験から離れる領域に入り込んだのだった。さらに増殖炉の選択の際には、疑わしき場合にはアメリカにしたがわねばならぬという疑問の余地ある「経験」によって、増殖炉の開発を不愉快な仕方でそれまでの技術的経験の領域から切り離す決断に達したのだった。

だが、核技術の開発の信頼に足る基盤として役立つような種類の経験など、そもそも存在するのだろうか。むしろ核技術はリスクの多い、思弁的な企てであり、仮に堅固な経験の基盤を手に入れることがあるとしても、それは遠い未来のことであると強調するほうが、適切なのではないだろうか。

もし原子力政策が責任の持てるものとなる可能性があったとするなら、それは長期的展望に立つ開発としてだけだったろう。しかし、大規模発電所と市場競争力のある製品を性急に求めたことによって、原子力政策は歪められてしまった。――これがこの研究の大部分から引き出される知見である。(最近好まれていることだが、核エネルギーを核融合や太陽光エネルギーの活用までの「過渡的解決策」として提示することは、とりわけ不条理である。[16]) 核技術の長期的リスクに対して責任を負うことがもし可能だとするなら、それはせいぜい、核エネルギーが化石エネルギー原料の枯渇後も数多の世紀にわたって使用できる場合だけであろう。

# みすず 新刊案内

2012. 11

# 判決

ジャン・ジュネ
宇野邦一訳

「何人かの友人だけが知っていることをお前さんに教えよう。私は私の人生について本を書いている。日本に行った旅の話で始まる。(…)私は複雑で入念な形式を選んだ。中央にひとつのテクストがあり、それはそれで続いていくが、余白には別のテクストがいくつもあって、中央のテクストを中断し、延長し、豊かにしていく」(ワンヌース「伝説と鏡のかなたに」鵜飼哲訳)

ジュネのこの発言は一九七〇年代半ばのことで、まさに本書はそのように始まる。そして作家自身の指定による特殊な組版や交替する黒赤二色の文字の連なりによって、マラルメ「イジチュール」に比すべき思考実験が展開していくのである。遺作『恋する虜』のプロトタイプでありつつも、まったく独自の高密度結晶体。「犯罪者」ジュネ総決算の書にして、パレスチナをはじめ世界の抵抗運動に同伴する「証言者」ジュネを始動させた詩的かつ思想的テクストである。装幀・菊地信義。

A5判　九六頁　三九九〇円(税込)

# 瓦礫の下から唄が聴こえる

**山小屋便り**

佐々木幹郎

「東日本大震災の以前と以後で何が変わったのか。詩歌に関して言えば、絶えず言葉が試され続けているということだ。詩や歌を書いても、書かなくてもいい。ただ、表現者の位置に立つ限り、言葉は試されている。わたしたちは何に試されているのか。過去から、未来からだ。現在、この国に浮かぶ膨大な死者の霊に試されている。これから生まれてくる子どもたちにも試されている。このことの実感を持つかどうか、そのことも試されている」

浅間山麓の山小屋で週末を過ごすこと三十年、自然と向きあいながら「血のつながらない新しい家族の形態」を模索してきた詩人が、東日本大震災発生で何を考え、どう行動したか。津軽三味線奏者二代目高橋竹山とともに被災地をめぐり、東北民謡発祥の地を訪れ、海から山を、山から海を思う。詩集『明日』により第二十回萩原朔太郎賞を受賞した著者が綴った詩文集。

四六判　二三二頁　予二七三〇円(税込)

# 解離する生命

野間俊一

〈現代の精神病理が解離と深い関係があり、解離が外傷に対する自己防衛機能をもつことを考えれば、現代の若者に共通するテーマは「傷つきやすさ」ということになるのではないだろうか〉

境界例、摂食障害、解離性障害……臨床の場で、周囲への不満を口ごもりながら、目下の気分を明るくする薬のみを要求する若者を中心とした患者と日々接しながら、著者は人間に不可欠な「生命性」や「ハイマート」概念を鍵語に、現況を読もうとする。境界例では生命性を暴発させ、摂食障害では生命性の支配を望み、解離性障害では生命性を切り離すのではないか。ではそこから、何が見えてくるか。そして精神科医は、どう対応すべきだろうか。

メルロ＝ポンティはじめ哲学の成果を援用しつつ、自傷行為や臓器移植精神医学を含め、具体的な現場と人間という存在の根源的なあり方を往還して成った、観察と省察の書。

四六判　二八〇頁　三五七〇円（税込）

# アメリカの心の歌

expanded edition

長田　弘

「アメリカをアメリカたらしめてきたもの、アメリカーナについて、なによりも多く問い、雄弁に語り、深く感じさせ、遠くまで伝えてきた歌。この本は、そうした歌にのこされてきた感受性の運命というべきもののメモラビリアだ。」（本書あとがきより）

ピーター・ラファージ、ジム・クロウチ、キャロル・キング、シェル・シルヴァスタイン、デイヴィッド・アラン・コー、クリス・クリストファソン、ジャニス・ジョプリン、トム・T・ホール、マール・ハガード、ウィリー・ネルソン、ウェイロン・ジェニングズ、グラム・パーソンズ、エミルー・ハリス、ジョン・プライン、ジェリー・ジェフ・ウォーカー、ガイ・クラーク、ナンシー・グリフィス、スティーヴ・グッドマン、ボビー・ベア、ジョン・ハートフォード、トム・ウェイツ、そしてボブ・ディラン……。

詩人による「歌」論、アメリカ論として岩波新書で出ていた名著、待望の増補決定版。

四六判　二八八頁　二七三〇円（税込）

## 最近の刊行書

——2012年11月——

エドワード・W・サイード　二木麻里訳
**サイード音楽評論 1**　予 3360円

エドワード・W・サイード　二木麻里訳
**サイード音楽評論 2**　予 3360円

ヨアヒム・ラートカウ　海老根剛・森田直子訳
**ドイツ反原発運動小史**　予 2520円

ブランコ・ミラノヴィッチ　村上彩訳
**不平等について**——経済学と統計が語る26の話　予 3150円

デイヴィッド・ヒーリー　江口重幸監訳　坂本響子訳
**双極性障害の時代**——マニーからバイポーラーへ　予 4200円

藤山直樹
**落語の国の精神分析**　2730円

《始まりの本》グスタフ・ヤノーホ　吉田仙太郎訳　三谷研爾解説
**カフカとの対話**——手記と追想　3990円

ベルトルト・リッツマン編　原田光子編訳
**クララ・シューマン／ヨハネス・ブラームス　友情の書簡**　予 4725円

* * *

**― 好評書評書籍 ―**

**サラエボで、ゴドーを待ちながら**——S. ソンタグ・エッセイ集 2　3990円
**ホロコーストの音楽**——ゲットーと収容所の生　S. ギルバート　4725円
**生殖技術**——不妊治療と再生医療は社会に何をもたらすか　柘植あづみ　3360円

* * *

**月刊みすず　2012年 11月号**

オペラ制作——『ばらの騎士』『死者の家から』『ファウスト博士』・E. W. サイード／死者たちの歌・P. ルヴェルディ／土地を守ること、人を守ること・酒井啓子／連載：山本太郎・宮田昇・高桑信一 他　315円（11月1日発行）

みすず書房
http://www.msz.co.jp
東京都文京区本郷 5-32-21　〒113-0033
TEL. 03-3814-0131（営業部）
FAX 03-3818-6435

表紙：ヨゼフ・チャペック

※表示価格はすべて税込価格（消費税5%）です。

その際に致命的なのは、歴史的に見て、純然たる長期的政策を合理的政策として実施することが不可能に思えることである。長期目標を一義的に日々の政策に変換することは決してできない。核技術の歴史でも実際に起こったように、長期目標は短期的利害によって骨抜きにされ、そうした利害の正当化として機能するのが通例である。容赦ない権力政治こそ、とりわけ巧みに、見せかけの長期的必然性によって正体を隠すことができるのだ。政治を遠い未来に向けて組織しようとしたドイツ史上最も暴力的な試みの経験、すなわちナチズムの経験は、百年、千年のスパンを持つヴィジョンに対してアレルギー反応を引き起こしうる。

かつてヴォルフ・ヘーフェレが今後数世紀のための記念碑的プロジェクトと称賛した増殖炉プロジェクトの歴史もまた、私たちを鼓舞するものではない。この歴史からすべての大規模プロジェクトの原則的な非合理性を結論した者も少なくなかった[17]。しかし、今日の経済的・生態学的な全体状況は、純粋に実用的な、ただ現在の問題の克服だけを目指す政策への原則的限定を不可能にしている。ちなみに、核技術の歴史のこれまでの経験が、未来志向の大規模プロジェクトの可能性に対して、一義的に異議を表明しているというわけでない。というのも、核技術ではまだそうした大規模プロジェクトが首尾一貫した仕方で試みられたことがないということも、同様に確認できるからである[18]。

核エネルギーの開発を経験のうえに合理的に基礎づけることの原理的な難しさから、すべての核技術を断念することが人類にとって最良の選択であると結論することは、十分に可能である。しかし、そうした結論を現実味を欠いた願望とみなすなら、ひとは核技術の経験の多義性とこの技術の依然としてかなりの程度まで思弁的な性質、そしてこれまでの原子力研究の諸利害との結びつきから、次のように結論しなければならない。すなわち、これまでの原子力研究センターから独立したオルタナティヴな研究機構の制度化が早急に必要なのである。こうした認識は、アメリカ合衆国から発して、近年ますます広がりを見せているように思われる。[19] そして、この認識は、科学政策の面からだけでなく、科学理論的にも根拠づけられうる。高いリスクを伴う科学的・技術的コンセプトを信頼できる仕方で経験のうえに基礎づけることができない場合には、それと並行してオルタナティヴな仮定に基づく他の構想を徹底して試すことによってのみ、そのコンセプトの正当性を突き止められるのである。

さしあたり一九七〇年代の核エネルギーをめぐる論争は、核技術に関するこれまでの経験の最も重要な所産であり続けている。核技術の発展と反原発運動との弁証法的な結びつきは、本論の末尾で明瞭に示された。したがって、原子力技術の批判者もまた、原子力の発展を嫌悪ではなく興味をもって考察すべきだろう。この発展によってはじめて、七〇年代の批判的反省の水準が可能となったのである。核技術のリスクが、もはや〔一九五〇年代の〕原子力に陶酔していた時代のように抽象的なものとしてではなく、いまここにおける具体的なものとして現れたときにはじめて、このリスクに慄く経験が、明らかに、多くの人々にとって可能となったのである。

反原発運動がモデルとしての性格を獲得し、他の新種の潜在的危険に反対する新たなイニシアチブの模範になったことは、いまや明らかである。エコロジー運動が「切迫した」苦境に対するとっさの反応に尽きるのではなく、複雑かつ将来的な危険を予見し、政治的葛藤に対処できるようになったことは、本質的に反原発運動の功績である。核エネルギーの発展のもとではじめて、そうした潜在的危険が非常に集中的で際立った形をとったのであり、その結果、大衆的な抗議行動と対抗文化の形成が可能になったのである。つまり、すでに長い間存在してきた潜在的危険と潜在的不安が、歴史になったのだ。そうした意味では、原子力は実際に、否定的な象徴になったのである。しかしながら、このことは、原子力が無実の「代理人」として悪用されたということを意味してはいない。というのも、核エネルギー開発の危険をはらんだ側面は、環境、平和、経済の大問題が相変わらず過去の習慣化した実践によって扱われることから生じる危険の増大を、実際に代表しているからである。

## 原子力産業の機能不全としての公共性の欠如——原子力政策における公共的意思形成の必要性

本研究の成果がしばしばネガティヴであり、核エネルギーの発展に関して一義的な主要アクターも有用な監督機関も明らかにしないとしても、この研究成果はポジティヴな意味を備えている。なぜなら、この研究は、一九七〇年代を通じて、批判的公衆が完璧に機能するシステムに対して破壊的に介入したわけではまったくないということを、明らかにしているからである。公共的議論の正当性と必要性を、いまやはるかに明確に規定できるのだ。

信頼できるコントロールは、どこにまたどのようにして設定できるのだろうかという問いを発した際、本研究はひとつのジレンマに直面した。というのも、監督機関は相矛盾する性質を持たねばならないからである。——その機関は原子力産業の近くにいる必要があると同時にそれから距離を保たねばならず、集権的かつ分権的に組織されていなければならないだろう。

集権化を求める声は、西ドイツでもアメリカ合衆国でも、近年再び強まっている。[20] フランスの中央集権主義は、一九六〇年代にはドイツの原子力産業にとって恐怖の的だったが、いまや原子力の信奉者たちは、フランスの原子力政策の厳格で揺るぎない中央集権主義に嫉妬深い眼差しを向けているのだ。しかし、シェルドン・ノヴィックのようなアメリカの原子力の批判者も、これまでの経験を総括しながら、「合理的なエネルギー政策と産業の民主的コントロールに対する唯一の希望は、国のレベルに」見出されると述べている。「個別的利害のアリーナでは、原子力の敵対者はその擁護者に対して、はるかに劣勢に立たされているのだ。[21]」しかしながら、これまでのところは、集権化よりも分権化のほうが、一般に原子力の敵対者により多くのチャンスを提供してきた。だが、それにもかかわらず、原子力政策の根本問題は、確かに国のレベルでのみ決断可能である。

しかし、こうしたジレンマもまた、公共性〔公衆〕(Öffentlichkeit) の重要性に帰着する。個々の機関ではなく公共性のみが、原子力政策の効果的コントロールに必要とされる、あの矛盾した諸性質を持つことができるのである。

この研究は全体として、西ドイツの原子力産業と原子力政策を決定した人々の集まりが、一九七〇年代までどれほど緊密に外部に対して閉ざされていたのかを明らかにしている。アメリカ合衆国とは異なり、西ドイツでは長い間、みずからの立場を戦術的配慮なしに主張する用意のある批判的アウトサイダーが存在しなかった。そうした状況のもとでは、原子力政策の正しさに対する根本的疑念が適切に議論されることなどありえなかった。安全性に関する議論は、一九七〇年頃、専門家集団のもとを離れ、内的一貫性を持ってより幅広い公衆にまで到達したのだった。議会もまた、監督機関としては長い間、無意味であった。公共の場での論争によってはじめて、議会は動きを活発化させたのである。したがって、しばしば主張される議会外対抗勢力と議会内野党との矛盾は、ある程度まで人工的な構築物であるように思われる。議会政治が機能するためには議会外のイニシアチブ〔市民運動〕が不可欠だということ——これは原子力政策の歴史の周知の事実である。

ところで、核技術の諸問題の複雑さを指摘することによって、公共的議論の意義を疑問に付すことができるかも知れない。何人かの原子力の批判者も、核技術の複雑さを核心的な論拠として用いている。すなわち、これらの人々は、何よりもまずこの技術の複雑さから、原子力のテクノロジーは政治システムの能力を超えていると結論するのである。(22) しかし、この論証は両刃の剣である。なぜなら、それによって、核技術に関する決定は、公衆ではなく専門家の仕事であるという結論もまた可能になるからである。

だが、こうした複雑性を盾にした議論に対しては、歴史的観点から反論を加えることができる。原子力政策に関する根本的な決断は、必ずしも本来的に複雑なわけではない。高度に複雑な決断を強いられる状況は、往々にして、核技術の開発途上でなされた特定の進路変更によってはじめて生じたのである。実際、ひとが固有安全性のコンセプトから逸脱したとき、どの原子炉設計、どの特別安全対策、そして、どのリスク計算が信頼できるのかを決めるのが、素人には途方もなく難しくなってしまった。

しかしながら、出発点となる決断は本質的にかなり単純であり、公衆にとっても理解可能であったろう。そこで答えられるべきなのは、たとえば、次のような問いであった。核技術によって爆弾製造の可能性をも作り出すべきだろうか、それともそうした可能性が生じるのを一貫して防ぐべきなのだろうか。原子炉事故を最悪の場合にも狭い限界内に抑えるために、断固として高度の固有安全性に固執すべきだろうか。エネルギー供給を極めて長期的な視野に立って保証するような原子炉開発のみを推進すべきなのだろうか。しかし、専門家委員会のメンタリティとその利害との結びつきは、通常、そもそもこうした問いが立てられるのを妨げてきたのである。

そのかわりに非公開の審議委員会は、しばしば根本問題を、具体的問題から注意を逸らすような二者択一に変えてしまった。そうした二者択一として挙げられるのは、「ドイツ製原子炉か外国製原子炉か」、「イギリス製原子炉かアメリカ製原子炉か」、「単純な原子炉か複雑な原子炉か」、「検証済みの原子炉か先進的な原子炉か」などである。「水蒸気冷却増殖炉かナトリウム冷却増殖炉か」という激しく争われた二者択一も、あまり幸運とは言えない選択肢であった。根本的な問いの非実際的な性質が、議論の細部を非常に込み入ったものにしたことも稀ではなかった。

任意の不都合な状況からの救済者として公衆〔公共性〕を持ち出すことは、確かにあさはかであろう。啓蒙の時代以来、いくつもの幻想にも通じた公衆〔公共性〕の神話が存在する。公衆の積極的参加の要求が意味を持つのは、公共的議論の目的と内容について、ひとが具体的なイメージを持つことができる場合だけである。

だが、核エネルギー問題の場合、「公共性」〔公衆〕は任意に投入可能な抽象ではなかった。それは出来事のますます強力になっていく原動力であり、すでに固有の歴史を備えているのだ。公衆は、比較的長い期間にわたって、原子力複合体の明白な弱点に十分に反応できることを証明した。科学理論家のポール・ファイヤアーベントは、「人類の生まれながらの賢さは十分に科学に対応できる」[23]と主張したが、この信頼は——ファイヤアーベントがとくに言及した——核エネルギーをめぐる論争において、十分に実証されたと確認できる。核エネルギーをめぐる論争は、つかの間の観察者には、硬直して行き詰まり、過度に感情的なものと感じられることが多かった。しかし、より長いスパンで見るならば、公衆の学習能力をはっきりと認識できるのである。

原子力政策の円滑な機能という観点から見た場合でさえ、公衆のより強力な参加を求める重要な根拠が存在する。本研究は、原子力複合体に合理的に機能する自己制御メカニズムが備わっているとは言えないことを、繰り返し明らかにした。当事者たちには、目的、利害、リスクについての明確な自己理解すら、あまりにしばしば欠けていたのである。AEGや他の挫折した企業の運命が示す通り[*5]、原子力産業自身もまた、重要な問題に関する公共的議論の欠如に苦しんでいたのだ。集中がもたらす有害な効果について、クヌート・ボルヒャルト〔経済史家〕が一般的に述べた命題——「大企業が行動を誤るのは、より良い知識を持っていないからである」[24]——は、原子力産業の歴史によって正しいことが証明される。大きな公共的議論の功績を、ひとはゴアレーベン・プロジェクトをめぐる論争に即して判断することができる。ある専門家の発言によれば[25]、原子力産業はこの論争のおかげで適時に警告され、「大失敗」を逃れることができたと十分に考えられるのである。

数十億マルクもの金が関わる領域における決定は、対話的な真理の探究によってではなく、権力と利害によって規定されるという事実は確かに残る。だが、核技術のような見通しがたい分野では、そもそも合理的に根拠づけられた利害が形作られるためにも、公共的議論が不可欠なのである。不十分な情報に基づいて脆弱な利害同盟が形成される一方で、はるかに重要な利害がいかなる代弁者も見出さないという事例が、本書で描かれた原子力政策の歴史には数多く存在する。

個々の政治家や組織にとって、いまや核技術の全体は、あらゆるオルタナティヴが事柄の強制力によって封鎖された領域になってしまっている。原子力政策を自由な行動の領域として理解することがそもそも可能だとするならば、それができるのはいまやより幅広い公衆〔公共性〕だけである。公衆〔公共性〕がこのチャンスを活かすかどうかを予見することは、誰にもできない。しかし、そうした新たな方向づけによってのみ、核技術の安全性は可能かという問いに答えることができるであろう。このことは現時点ですでに言うことができる。

## 原注

（1）Ph. Mullenbach, *Civilian Nuclear Power*, New York 1963, S. 103f.; F. G. Dawson, *Nuclear Power. Development and Management of a Technology*, Seattle/London 1976, S. 102ff., 237, 260; I. C. Bupp/J.-C.

Derian, *Light Water. How the Nuclear Dream Dissolved*, New York 1978, S. 33; Sh. Novick, *The Electric War. The Fight over Nuclear Power*, San Francisco 1976, S. 40.

（2） *atomwirtschaft - atomtechnik* (*atw*) 4, 1959, S. 393.

（3） このことは当時、当事者たちによっても繰り返し述べられていた。 Vgl. *atw* 8, 1963, 2; ebd. 9, 1964, S. 2f. (Balke); 3377. ジーメンス社からヨアヒム・プレチュ宛の書面（一九六六年十一月九日）を参照のこと。「政府と電力業界との現在の協力体制は、長期的視野に立ったエネルギー計画のコンセプトを欠いている。（…）開発における国と核研究センターと産業界のあいだの調整には、目指すべき方向の明確な設定が欠けているのである。」

（4） この点に関する要約として以下を参照。 J. Radkau, Die Kalkulation des Unberechenbaren, in: *Blätter für deutsche und internationale Politik* Jg. 1978, bes. S. 1463ff.; ders., Die Irrwege der Atomwirtschaft und die Lehren der Geschichte, in: Hallgarten/Radkau, *Deutsche Industrie und Politik*, TB-Ausgabe, Reinbek 1981, bes. S. 530ff.

（5） A. Shonfield, *Geplanter Kapitalismus. Wirtschaftspolitik in Westeuropa und in den USA*, Köln 1968, bes. S. 326ff. 一般的には次を参照。 H. A. Winkler (Hg.), *Organisierter Kapitalismus*, Göttingen 1974.

（6） 本研究でしばしば批判者として引用されたK・ルツィンスキーとW・フィンケを参照のこと。 D. Burn, *The Political Economy of Nuclear Energy*, London 1967; L. Beaton, Plutonium und Kernwaffen-Verbreitung, in: *Atomzeitalter* 1966, S. 92–97; O. Keck, *Policymaking in a Nuclear Program*, Lexington 1981.

（7） Deutscher Bundestag, 7. Wahlperiode, Innenausschuß, Anl. zu Prot. 114 (9. 6. 1976), bes. S. 19 und 25.

（8） *Spiegel* 22. 11. 1982, 71/76.

（9） J. Radkau, Szenenwechsel in der Kernenergie-Kontroverse, in: *Neue Politische Literatur* Jg. 1983, vor allem S. 31ff.

（10） 増殖炉建設の運営に対するMBB社による次の批判を参照。 Risikoorientierte Analyse zum SNR

(Schneller natriumgekühlter Reaktor) S. 300, Bericht der Forschungsgruppe Schneller Brüter e. V., München (Max-Planck-Institut für Physik und Astrophysik) 1982.

（11）In: *Die Zeit* 14. 1. 1977.

（12）In: I. Lakatos/A. Musgrave (Hg.), *Criticism and the Growth of Knowledge*, Cambridge, 1970, S. 168.（イムレ・ラカトシュ／アラン・マスグレーヴ編、森博監訳『批判と知識の成長』木鐸社、一九八五年）

（13）F. Münzinger, *Ingenieure*, Berlin 1941, vor allem S. 11f., 107, 110, 199ff.

（14）W. Heisenberg, *Der Teil und das Ganze*, 3. Aufl. München 1976 (urspr.1969), S. 247.（ヴェルナー・ハイゼンベルク、山崎和夫訳『部分と全体』みすず書房、一九七四年）ハンス・ベーテが報告するアインシュタインの発言もこれと似ている。「専門家とは、あらゆる誤りを一度したことのある人間である。」In: L. Badash u. a. (Hg.), *Reminiscences of Los Alamos*, Dordrecht 1980, S. 81.

（15）A. C. Crombie, *Von Augustinus bis Galilei* (urspr. 1959), München 1977, S. 2.

（16）Bieber (Forschungsstätte der evangelischen Studiengemeinschaft 3), S. 117. ニーダーザクセン州首相エルンスト・アルブレヒトの以下の発言。In: *Die Zeit* 7. 10. 1977, S. 21.

（17）K・トラウベはそのように結論している。K. Traube, *Müssen wir umschalten?* Reinbek 1978; O. Ullrich, *Technik und Herrschaft*, Frankfurt 1977. トラウベとウルリヒは、彼らが共同で執筆した本（*Billiger Atomstrom?* Reinbek 1982）のなかで、長期的な供給を志向するエネルギー政策一般を非合理的なものとみなしている。同様のより早い時期の発言として次を参照。J. P. Pesch, *Staatliche Forschungs- und Entwicklungspolitik*, Diss. Freiburg 1977, S. 101.

（18）原注（10）を参照。

（19）H. Nowotny, *Kernenergie: Gefahr oder Notwendigkeit?* Frankfurt 1979, S. 194f. アメリカにおける最も印象的な事例は、Union of Concerned Scientists の反ラスムセン報告である。ドイツ語版は *Die Risiken der Atomkraftwerke*, Freiburg 1980.

（20）*Die Zeit* 27. 6. 1975, S. 32 (Weizsäcker); ebd., 25. 2. 1977, S. 1 (Th. Sommer).
（21）Novick, *Electric War*, S. 325.
（22）こうした根本的仮定は、トラウベとウルリヒの出版物に認められる（原注（17）を参照）。同様の主張として次を参照。G. Picht, *atw* 17, 1972, S. 349. H・キチェルトもまた（著者との対話のなかで）こうした洞察をみずからの研究の核心とみなしている。
（23）P. Feyerabend, *Wider den Methodenzwang. Skizze einer anarchistischen Erkenntnistheorie*, Frankfurt 1976, S. 20.（ポール・ファイヤアーベント、村上陽一郎／渡辺博訳『方法への挑戦――科学的創造と知のアナーキズム』新曜社、一九八一年）
（24）In: H.-H. Barnikel (Hg.), *Probleme der wirtschaftlichen Konzentration*, Darmstadt 1975, S. 201.
（25）L・バーレオンの著者に対する発言（一九八〇年三月七日）。

訳注

＊1　たとえば、電力会社による最初の商用炉の発注の際に研究省が果たした役割を指す。
＊2　カールスルーエ原子力研究センターは、増殖炉の開発を急ぐあまり、実験炉を省略して原型炉の建設に進んだが、建設計画は大幅に遅延し、最終的に稼働にいたることなく終わった。
＊3　ドイツ政府の原子炉政策は当初、独自技術として天然ウランを用いる重水炉開発を目指していた。
＊4　一九七五年、西ドイツとブラジルは平和的核利用に関する二国間協定を締結したが、そこでは八基の原子力発電所に加えて、原子炉製造工場、ウラン濃縮施設、再処理施設の共同建設、およびブラジル産ウランの共同開拓・採掘・販売が取り決められた。
＊5　AEGは原子力部門の多額の損失も一因となって、一九八二年に経営破綻した。

# 原子力・運動・歴史家

ヨアヒム・ラートカウに聞く

——あなたは一九七〇年代から現在にいたるまで原子力技術と原子力産業の歴史に関心をお持ちです。原子力というテーマに取り組むことになった経緯を教えていただけますか。

いまから振り返って見れば、非常に「先見の明」があったことになりますが、一九七三年に原子力産業についての調査を始めた時点では、このテーマと取り組むことはまったく気違いじみたアイデアでした。ドイツだけでなく大陸ヨーロッパ全体で見ても、当時私は、原子力というテーマと取り組んでいたただひとりの歴史家だったと思います。当時の私にとって、それはいわば非合理的な興味でした。最初にアイデアを思いついたのは、ジョージ・W・F・ハルガルテンと『ドイツの産業と政治』（一九七四年）を書いていた時でした。ハルガルテンは一九〇一年生まれのユダヤ人で、私の祖父の世代に当たります。一九三三にアメリカに亡命し、当時、ワシントンに住んでいました。ハルガルテンは、ドイツ系移民がマンハッタン・プロジェクトで大きな役割を果たしたことに衝撃を受けていました。もちろんドイツ系の移民だけではなかったのですが、ヨーロッパからの移民たちが、アメリカの原子爆弾開発に刺激を与えたのでした。私はハルガルテンから、核エネルギーが最も重要な技術であるという観念を得たのです。

また私には工学単科大学の教師をしている伯父もいました。この伯父は、第二次世界大戦時に東部戦線で戦死した私の父の兄に当たり、機械工学を教えていました。私がそもそも技術史に興味を抱くようになったのには、技術マニアであったこの伯父の影響が少なくありません。もっとも、彼は優れた機械技師ではあったらしいのですが、実生活では――私とまったく同じで――ひどく不器用で、私が車を運転しないように、彼は電話を持っていませんでした。電話は思考の邪魔をするとかなんとか言っていました（笑）。ともかく、原子力についても、この伯父からいくつかのことを教わりました。私は当初、同世代の知識人たちと同様に、核エネルギーに感激していました。古い石炭による発電所から新しいきれいな核エネルギーへ、また原子爆弾から平和的な原子力へ。距離を置いてみると、いくつかの側面で核エネルギーは魅力的でした。しかし、この伯父が私に言ったのです。「注意したほうがいいぞ。核エネルギーはそんなに安全なものじゃないんだ。」またこの伯父は、当時、実用化された原子炉タイプ――軽水炉型原子炉――は最適な選択肢ではなく、大きなリスクを抱えていると確信していました。原子力研究施設ユーリヒ[*1]で開発された高温ガス炉が最も適しているというのが、彼の意見でした。伯父はデュースブルクにいたので、近くにあるユーリヒの事情にも明るかったのです。

当時、私はビーレフェルトにあった教育単科大学の助手でしたが、そのことも私がこのテーマに取り組むにあたって有利に作用しました。この単科大学は学校の教員を養成していたのですが、そこでの仕事はまったく負担になりませんでした。誰も私の研究に口出ししませんでしたので、やりたいことを自由にすることができました。そこの学科協議会は、社会学者や政治学者によって占められていましたが、一九六八年の直後ということもあり、彼らはみなマルクス主義者でした。当初、彼らは私のことを右翼だと思ったようです。というのも、私は右翼とみなされていた教授に呼ばれて彼の助手をしていたからです。そういうわけで、私には自分の本性を露わにして、彼らの鼻を明かしてやろうという功名心も確かにありました。

その後しばらくして、教育単科大学は州政府の決定によって強制的にビーレフェルト大学に統合されることになりました。しかし、ビーレフェルト大学の歴史家たちは極度に傲慢な人々だったので、教育単科大学の教員を見下していました。したがって、彼らは統合にも反対でした。そこで私は、統合後、この歴史家たちに自分の存在を認めさせるために、何か途轍もなく変わったことをする必要があると考えたのです（笑）。そして、それは実際にうまくいきました。アカデミックなキャリアの外にいることは、想像力を豊かにし、良い結果を生むと思います。大学世界のただなかにいると、研究助成金獲得のための研究ばかりに追われて、本当に自分のやりたいことができません。アウトサイダー的な立場からこそ、面白い研究が出てくるのです。こうした私の確信は、大勢順応主義的なところのある日本社会に広める必要がありますね（笑）。

――このテーマの何があなたを魅了したのでしょうか。また、あなたはあくまでも歴史家として原子力を研究しています。歴史家がこのテーマに取り組むことには、どんな意義があるのでしょうか。

私は視覚的な人間なので、学生たちとたくさんの実地調査を行ってきました。私は手で触れるような、具体性のある歴史が好きで、物事を自分の目で見たいと思うタイプです。私は一九七〇年代のはじめには、そのことに気がついていました。実際、私は実地調査が大好きで、一時期は歴史家のなかで最も実地調査をしているのではないかと思えるほどでした。しかし、実地調査といっても、いつも中世騎士の弓矢やカテドラルや城趾を見に行くのでは退屈です。私にはむしろ古い工場や工場跡のほうがずっと興味深く思われました。私は歴史家として、何か新しいものを発見したかったのです。そういう人間にとって、技術史はとても魅力的でした。

そういうわけで、私が原子力のことを本格的に調べ始めたころ、ちょうど原子力をめぐる論争が始まりました。当時私は核エネルギーの熱烈な信奉者で、鈍重なボンの官僚機構が輝かしい未来を約束する新しいテクノロジーの発展を阻害しているという歴史観を抱いていました。六八年世代のスター哲学者であったエルンスト・ブロッホと同様です。ブロッホもまた、新しく素晴らしいテクノロジーが鈍重な後期資本主義と保守的な官僚機構のせいで発展を妨げられているとみなしていました。私は本来、そういう歴史を書くつもりだったのです。したがって、一九七五年の始めに原子力論争が始まったとき、私はまったく混乱してしまいました。

原子力というテーマに関して歴史家にどんな貢献が可能かということですが、私はたくさん貢献できることがあると思います。当時もすでに原子力というテーマに取り組む左翼知識人はいましたが、彼らは独占資本の問題といった抽象レベルで批判を展開していました。私は、そうしたアプローチよりも、原子力を技術面から見るほうが面白いだろうと考えました。そして、このことは原子力をめぐる論争のなかで証明されました。また、私は何年もの間、原子力業界の専門誌『原子力経済』を講読していましたが、このことも原子力技術を考えるうえで非常に役に立ちました。歴史家が原子力を技術の観点から考察する場合、その観点は純然たる技術者のそれとは異なります。現実の技術の専門家は、あまりに専門化してしまっていて、技術を取り巻く全体を概観することができないのです。しかし、核エネルギーにおいて、本当に重要な決定がなされるプロセスは、技術の論理に帰すことができません。そこには多くの要素が絡んでくるのです。もし原子力技術の歴史を純然たる技術者が書くならば、彼は純粋に技術的な論理を探し求めるでしょう。しかし、そうしたアプローチは誤解のもとです。たとえば、フクシマでも災厄の一因になりましたが、軽水炉の普及もまた、純粋に技術的な根拠に基づくわけではありません。技術的な細部というものは、厳密に考察してみると、単に技術的なだけの細部ではないのです。また、どの技術上のオプションを選択するのかは、特定の安全哲学と結びついています。歴史家はそうした事柄を明るみに出すことができるのです。

――『ドイツ原子力産業の興隆と危機』では、原子力技術の歴史をドイツの文脈に限定して考察しています。こうしたアプローチを選んだのは、どういった理由からでしょうか。

もちろん一面では作業の効率と関わっています。しかし他方では、ものすごい幸運と巡り合ったということでもあります。つまり、ドイツではそれまで誰も調査したことのなかったアーカイブの資料にアクセスすることを許されたのです。はじめはまったく期待していませんでしたが、少しずつことを進めたのが良かったのかも知れません。最初は連邦議会の委員会報告書を閲覧しました。報告書はグレーゾーンにあって、公開されてはいなかったけれども、まったくアクセス不可能でもなかったのです。そこから一歩進めるために、管轄の連邦研究省の担当官に会いに行きました。その当時はテロが横行していたので省庁は非常に警戒していたのですが、私は馬鹿なことに身分証も携行せずにのこのこ出かけていったのです。入口で警官に制止されましたが、こちらの無邪気を笑われただけで無事になかに入れてもらえました。まったく人畜無害に見えたのでしょう（笑）。それで原子力委員会の書類を管理する文書係に会ったのですが、彼とも意気投合して、結局、ボン近郊のハンゲラーの兵舎に保管されていた原子力委員会の報告書を直接閲覧できることになりました。ハンゲラーというのは、ちょうど一九七七年の「モガディシュ事件[*2]」で大活躍した連邦国境警備隊第九大隊（GSG-9）の駐屯地です。資料閲覧はまったく堅苦しくない環境でできましたが、いつどうなるか分からなかったので、私は「明日は来られないかも知れない」という思いから、連日クタクタになるまで資料の山と格闘しました。それは千載一遇のチャンスでした。アメリカでは絶対に無理だったでしょうし、フランスでもイギリスでも、外国人に許可が下りたとは思えません。

さらに私の研究は、非常に興味深い個人史とも結びついています。私はいつも原子力産業の経営者たちにインタビューしようと心がけていました。左翼の人々の多くは「彼らと話しても始まらない」と考えていましたが、彼らも人間ですから直接話すことで得られるものがあるのです。実際、私は彼らと対話することで、原子力産業も一枚岩でないことなど、様々な知見を得ることができました。かつての連邦原子力相ジークフリート・バルケや物理学者ヴェルナー・ハイゼンベルクの未亡人などとの対話も、非常に面白いものでした。現代史を研究する場合、こういう手法がとても有効だということは、次世代の歴史家にも伝えたいですね。

ともあれ、他の国における原子力の歴史に簡単に触れることもできたでしょうが、それ以上のことは手に余る仕事になったと思います。また他方では、技術史において、意識的に特定のナショナルな道筋を追うことには意味があります。私の『ドイツの技術』（一九八九年）という本は、歴史家は技術を可能な限り具体的に考察すべきであり、つねに技術を形作る具体的なコンテクスト、ナショナルな文脈に注意を払うべきであるという哲学に基づいています。確かに、技術の基礎にある基本原理はどこであろうと多かれ少なかれ同じです。自然科学の諸原理なのですから。しかし、デザイン、安全措置、ユーザビリティなどの細部には、地域ごとに異なる市場条件への順応やナショナルな差異が見出されるのです。そうした意味で、技術史をひとつの国の文脈に限定することは、技術哲学的にも正当化できます。

――一九八一年にビーレフェルト大学に提出された教授資格申請論文（『ドイツ原子力産業の興隆と危機』）は、どのように評価されたのですか。

これには面白いエピソードがあります。まず当該省庁からの検閲はありませんでした。私にとって、検閲は大きなリスクでした。もしそんなことになれば、ビーレフェルト大学の歴史学部は、私の教授資格申請論文を喜んで却下したことでしょう。本音を言えば、彼らは教育単科大学の教員など欲しくなかったのですから。そういうわけで、却下はされませんでしたが、かわりに彼らは非常に高いハードルを設けました。当時、国際的に最も著名であったアメリカの技術史家トマス・P・ヒューズに外部評価委員を委嘱したのです。ヒューズはそこそこドイツ語ができたのですが、私はまったく無名の存在で、お互いに面識もありませんでした。このとき学部は、ヒューズの所見が届くまで、みずからの評価を表明しませんでした。さてヒューズの所見が届いてみると、そのなかで彼は私の論文を絶賛していました。「第二次世界大戦以降の時代を扱った技術史の研究で、これほど優れたものを読んだことがない」と彼は書いていたのです。この所見が届いた途端、学部の態度はころっと変わりました（笑）。突然、学部は、私を喜んでスタッフに迎えたいと言い出したのです。そして、その後、学部スタッフからの肯定的な所見が続くことになりました。この審査は私にとって大きなストレスでしたが、ひとまず救われたわけです。

教授資格申請論文が認められたことは、実際、いくつかの観点で救いでした。私が原子力関係の資料にアクセスを許可されたとき、資料の使用を許可しはするものの引用を禁じた書面に、私は署名しなければなりませんでした。しかし、私はこの誓約にしたがいませんでした。『原子力産業の興隆と危機』のなかで、私はそれらの資料を引用しています。引用しなければ、私の仕事は学問的研究としては無価値だったからです。したがって、印刷出版の許可を当該省庁から得られるかどうか、長い間、不安でした。だから私は、教育単科大学ですでに教授資格申請を行ったのです〔すでに別の本で資格を取っていた〕。ビーレフェルト大学での教授資格申請は二回目でした。私はあらかじめ単科大学で教授資格を取得することで、もしビーレフェルト大学に提出した資格申請論文が印刷できなかった場合でも、採用を拒否されないようにしたのです。教授資格申請論文は必ず公刊されねばなりませんからね。『原子力産業の興隆と危機』の出版は、非常に込み入った駆け引きでした。ビーレフェルト大学の歴史学部は、当時、ドイツで最も有力な歴史学の拠点でしたから、そこから省庁に出版を認めるように働きかけもありました。それでなんとか無事、一九八三年に出版されたわけです。

――出版後、ビーレフェルト大学の歴史家たちとの関係は変化したのでしょうか。

幸運なことに、『原子力産業の興隆と危機』の出版後ほどなくして、『シュピーゲル』誌が同書を取り上げてくれました。クラウス・トラウベ[*3]が長文の、しかもとても肯定的な書評を書いてくれたのです。それから『原子力経済』誌の編集長ヴォルフガング・D・ミュラーは、「原子力フォーラム[*4]」から私の本の対抗作品となるようなドイツにおける核エネルギーの歴史を書くように依頼され、実際に大部の二巻を完成させましたが、私は彼とも折り合いよくやれました。私の本のなかにだいぶ間違いを発見したのではないかと訊ねた時、彼は「いいや、そんなことはまったくない」と言ってくれましたし、私のことをはっきりと擁護してくれた場面もありました。

こうした大学外の評価もあって、ビーレフェルト大学の他の歴史家たちとの緊張関係は、潜在的なものにとどまりました。最初の頃、ラインハルト・コゼレック[*5]との関係は最悪でした。私の教授資格申請論文の採決の際、彼だけが――反対投票こそしなかったものの――棄権したのです。しかし、私たちの関係はのちに改善され、とくに彼が亡くなる前の数年は良い語らいができました。ハンス゠ウルリヒ・ヴェーラーは、その厳しい物言いで多くの人々に怖れられ避けられていましたが、かなり早いうちに私を評価してくれました。その意味では、私は彼をかばわなければなりません。とはいえ、私は「特別研究領域」[*6]（SFB）のプロジェクトには一度も声を掛けられませんでした。つまり、全般的に言えば、私は長い間アウトサイダーのままだったのです。でも私は、どのみち「特別研究領域」にはそれほど関心がありませんでした。むしろ自分の好きなことができ、おまけに学部長なんかに選ばれることもなかったので、本当に助かりました（笑）。

――いわゆる「ビーレフェルト学派」の歴史学[*7]は、あなたの研究とどのような関係にあるのでしょう。

私自身は「ビーレフェルト学派」の一員と思われたくありません。しかし、だからといって、「ビーレフェルト学派」の批判者というのでもありません。私の退官時に地元紙が掲載した長い送別の辞では批判者とみなされていましたが、違うのです。私はただ、私なりの独自の道を歩んだだけです。とはいえ、「ビーレフェルト学派」の功績、とくにヴェーラーが偉大な歴史家であることは認めなければなりません。その点では、ヴェーラー離れの顕著な若い歴史家世代の傾向は好ましくありません。そう言えば、ビーレフェルトにいたある若手の歴史研究者が、ボーフム大学に移ったあとで、こんなことを言っていました。ボーフムでもハンス・モムゼン[*8]のもとで社会史が展開されていたのですが、そこで何かプロジェクトを立ち上げる際には、まずは文書館に行って史料を見て、史料からインスピレーションを得る。それに対して、ビーレフェルトの社会史は、「はじめに問いありき」で、その問いに基づいて史料に向かう、と。この点に関して言えば、私は「ビーレフェルト的」だと言えますね。

とはいえ、「ビーレフェルト学派」の社会史は、私には抽象的すぎるように思われます。索漠としているのです。たとえば、ヴェーラーの分厚い五巻本、全部で五千頁を超える『ドイツ社会構造史』（一九八七―二〇〇八年）がありますが、そこに生身の人間として登場するのは、ビスマルクとヒトラーのたった二人だけです。これは少なすぎます。生身の人間のことを忘れてはならない、そして構造はそれを規定する枠組であるという考えは、私が教育単科大学にいて教授法を教えてきたことと関係があるのかも知れません。学校の先生たちは物語を必要とします。しかし、ヴェーラーの社会史ではどうしようもありません。

確かに私は、技術や構造そのものと血の通った人間という両方の要素を結びつける歴史研究を目指してきたと言えるでしょう。普通の場合、構造史や技術史を書く人間と伝記を書く人間は、異なるタイプに属します。たとえば、私の博士論文の指導者であったフリッツ・フィッシャー[*9]は、人間描写ができないひとでした。そのことが彼の著書『世界強国への道』(一九六一年)の最大の弱点です。当時の宰相ベートマン・ホルヴェーク[*10]について説得力ある人物像を描けていないため、心理学的にどこか信用できないという非難もありました。そして、この批判はまったく的外れというわけではなかったのです。だからこそ、彼は伝記に反感を持ち、「伝記なんぞは少女のためのものだ」と語ったのです。当時はまだ、こう言っても非難するフェミニストはいませんでした(笑)。『世界強国への道』は、無数の覚書や声明を使って第一次世界大戦におけるドイツの戦争目的を追求していますが、行為者たちの生彩ある像を提供できていません。行為者たちには裏があり、その動機も両義的でした。つまり、戦争への意思と戦争に対する不安の両方があったのであり、行為の次元は複数存在したのです。資料が互いに矛盾しており、フィッシャー論争で双方が反論し合ったのも、こういう人間の複雑さや曖昧さに由来します。しかし、フィッシャーは、そのことをよく分かっていなかったように思うのです。

――ここからは「反原発運動小史」で述べられている事柄との関連でいくつか質問をしたいと思います。最初はドイツの反原発運動の展開における司法（裁判所）の役割についてです。ヴュルガッセンでの原発建設計画をめぐる対立の際には、裁判所の判断が大きな役割を演じました。またヴィールの問題でも、司法が重要な役割を果たしています。一方、日本の反原発運動の歴史にも、司法の場での戦いはありました。たとえば、一九七三年の伊方訴訟がそれに当たります。ただ日本の場合、すべての裁判で原発反対派が敗北しているのです。ドイツの反原発運動において司法が果たした役割とその背景について、どのようにお考えですか。

反原発運動の展開における司法の役割は両義的でした。一九七二年の連邦行政裁判所によるヴュルガッセン判決にしても、原発の建設中止を命じたわけではなく、安全性を経済性に対して優位に置いただけです。一九五九年に制定されたドイツ連邦原子力法ではまだ、安全性と経済性は同等の重みを持つものとして位置づけられていました。それに対して、連邦行政裁判所は経済性よりも安全性が優先すると判決したわけです。しかし、この判決が具体的にどのような帰結をもたらしたのかは、未解決な問いであり続けています。ヴュルガッセンはひとまず稼働したわけですから。とはいえ、環境問題一般における司法や法律家の役割は、非常に興味深いテーマです。

日本でも原発とは別の領域で、裁判所が重要な役割を果たしました。水俣病やイタイイタイ病の場合です。いずれにしても、司法の役割は、舞台の裏側まで見ないと簡単に答えられる問題ではありません。

おそらくヴュルガッセンの運動については、次の点が重要でしょう。原発に反対するヴュルガッセンの市民運動は、ホルスト・メラーというひとりの弁護士によって率いられていました。私は彼のことを個人的に知っていますが、メラーは当時、カール・ベヒャートから助言を得ていました。ベヒャートは化学の教授で、長年にわたって社会民主党（SPD）の国会議員として原子力問題に関する連邦委員会の議長を務めていました。したがって、ベヒャートは豊富なインサイダー情報を持っていたわけです。つまり、当時の市民運動は、影響力のある専門家とのつながりを得ることに成功したのです。大規模なデモや警察とデモ隊との衝突のようなことは、ヴュルガッセンではありませんでした。またもうひとつの注目すべき点は、ヴュルガッセン原発に対する抵抗運動が、左翼の人々に担われていたのではなかったことです。この運動の背後にいたのは「生命保護世界連盟」という団体でした。これはギュンター・シュヴァープ[*11]によって設立された団体ですが、シュヴァープはシュタイアーマルク出身の侯爵で、かつてナチ党員だったこともある人物です。当時もまだシュヴァープの物の見方には極右的な性格がありました。そういうわけで、当時の言葉のスタイルは、まったく左翼的ではなかったのです。

当時の西ドイツの保守的なエリートのあいだでは、核エネルギーに対する態度は両義的なものでした。一九五〇年代、六〇年代にはまだ、核エネルギーに左翼的な含意があったからです。核エネルギーは、社会民主党やその他の左翼的な人々によって、より強力な国家の介入が必要であること、すべてを民間経済にまかせるだけでは不十分であること、イノベーションのためには国家の後ろ盾が必要であることを示す論拠として用いられたのです。そして、イノベーションは、そもそも左翼的なテーマでした。そういうわけで、保守的なエリートは核エネルギーにあまり確信が持てなかったのです。アデナウアーはあるとき、「原子力が人々の頭をおかしくしてしまったのだ」と罵りました。そういうわけで、つねに物事の背景を見なければならないのです。ヴュルガッセンにおいて司法との絡みで物事が具体的にどのように推移したのかについては、私にもはっきりしたことは言えません。

――全体として言えば、司法の役割を過大評価すべきではないのでしょうか。

それを言うのは難しいです。それなりに重要な役割を果たしたとは思います。たとえば、グリーンピースの場合でも、彼らは司法の場に出るときに備えて、つねに何らかの仕方でみずからの正当性を確保することに注意を払っています。たとえグリーンピースが諸々の個別的規則に違反することがあるとしても、彼らはつねにより高次の正しさに依拠することができるのです。私は一度、学生と一緒にグリーンピースのハンブルク支部に実地調査に行ったことがあります。一日かけてインタビューをしたのですが、その際はっきりしたことは、グリーンピースはつねに抗議行動について厳密な計算をしていて、たとえ裁判沙汰になったとしても、より高次の正当性を主張できるように配慮しているということです。たとえば、グリーンピースの側からは暴力の行使を絶対にしないということに、大きな価値が置かれていました。様々な状況をあらかじめシミュレーションして備えておくのです。暴力を行使しないことはたやすいことではありませんが、そうした態度は裁判官の判断に影響を与えます。グリーンピースは、当時、裁判の九八％で勝利を収めていることを誇りにしていました。要するに、環境運動は、何ものをも恐れぬ無頼漢の運動ではなかったのです。それは教養ある中流の人々によって担われてきたのです。学生たちも自分の将来のことを考えていたわけで、無頼漢ではありませんでした。裁判所の役割を過大評価すべきではないですが、これまでの研究では不十分な評価しかなされていないと思います。

——ドイツ、フランス、日本における反原発運動の歴史を比較すると、ドイツの連邦制度、分権主義的な政治体制が、反原発運動のドイツ的展開に一定の影響を与えたのではないかという印象が生じます。いま触れた司法の役割もこの点と関係しているのではないでしょうか。先ほども述べたように、日本の場合、一九七三年に伊方で原発建設に反対する抵抗運動がありましたが、市民の訴えに対して裁判所は「原子炉設置許可は政府の裁量であり、政府が建設を決めたならば、現地の住民はそれを阻止することができない」という決定を下しました。連邦制度、地方分権的な政治構造が反原発運動の展開に与えた影響については、どのようにお考えですか。

確かにフランスとドイツを比較した場合には、中央集権と地方分権の違いをはっきり見ることができます。これは『エコロジーの時代』（二〇一一年）にも書いたことですが、戦闘的な反原発運動はもともと、フランスで始まりました。また、一九六一年末には、核エネルギーに反対する最初の国際会議がストラスブールで開催されています。しかし、そうした始まりにもかかわらず、フランスの反原発運動は、すでに長い間、成功に恵まれていません。フランスの警察は、ドイツの警察よりも暴力的な仕方で反原発運動に対処しました。反原発運動が発展するためには、ある種の成功体験が必要なのは確かです。

とはいえ、原発建設予定地での説明会は、西ドイツでもしばしば茶番でした。実際にはすでにすべて決まっていて、ただ形式上の理由で地元説明会が開催されたのです。しかし、地元の反対者が意見を表明し、それが建設許可プロセスの構成要素になったこともありました。たとえ茶番として計画されていた地元説明会でも、反対者が粘り強く抵抗することでときには意味のある機会に変えることができたのです。当時、連邦研究省によって実施された「核エネルギー市民対話」でも、本来の意図は市民に連邦政府の方針を説明し、連邦政府が正しいことを市民に認めさせることでした。ところが、そこでは独自のダイナミズムが発展し、結果的に、それに参加した政治家の意見に変化が生じることもありました。たとえば、フォルカー・ハウフ[*12]は、かつては核エネルギーの信奉者でしたが、いまでは原発に反対しています。当初はただ象徴的な意味しか持たなかったシナリオが、のちにリアルな意味を獲得することがあるのです。

核エネルギーに対する私自身の立場も、長い間、どっちつかずでした。しかし、ある公共的な催しで、私が慎重な仕方で核エネルギーに対する懐疑を表明し、批判的意見を述べたことがありました。そのとき原子力産業のPRを担当していた人物は、私をバカにし、「あなたは歴史家なので技術のことは何も分かっていないのだ」と壇上から言い放ちました。そして、壇上にいた周りの人間がそれに合わせて声を上げて笑ったのです。その笑い声を聞いた瞬間、私は激しい怒りに襲われました。当時、こういう経験をたくさんの人々がしたのです。それまでどちらの立場に立つか決めかねていたひとでも、こうした経験によって激怒したのです。

ちなみに、原発の建設許可は、ドイツでは州の権限になっています。だからこそ、一九七九年にニーダーザクセン州首相のエルンスト・アルブレヒト[*13]が、ゴアレーベン計画を中止することができたのです。もちろん裏では何らかの仕方で連邦政府と調整が図られていたはずです。しかし、それにもかかわらず、権限は州にありました。そして、特定の状況下では、そのことが効いてくることがあったのです。ゴアレーベン計画を中止したアルブレヒトの決定は、原子力産業のロビーにとってはもちろん予想外のことで、衝撃的でした。

――このゴアレーベン計画の中止決定ですが、この決定の背後には何があったのでしょう。何がアルブレヒトをそうした決断へと動かしたのでしょうか。

あの決定の背後に何があったのか、いまだ完全には解明されていません。というのも、決定にかかわる文書にまだアクセスできないからです。いくつかの要因があったことは確かでしょう。第一に、アルブレヒトはもちろん次の選挙のことを考えたでしょう。ゴアレーベン計画が住民の不評を買っていることは明らかでした。とりわけ、ヴェントラント[*14]の農民のようにキリスト教民主同盟（ＣＤＵ）に近い立場の保守的な人々が反対していました。

第二に、電力会社の側にも再処理施設に対する真の利害関心はありませんでした。経済的に見るならば、再処理施設は興味を引かないプロジェクトだったのです。この再処理プロジェクトは、一九七五年頃に連邦政府が行った、新しい原子力発電所の建設許可と最終処分の保証に関する決定から生まれのでした。当時、最終処分のプロセスは、再処理と最終処分の二つから構成されると理解されていました。長い間、使用済み核燃料を最終処分に適した形にするために再処理が必要であると考えられていたのです。私は一九八〇年代に連邦政府の依頼を受けたプロジェクトのメンバーとなり、最終処分に再処理は必要ないことを示そう努めましたが、当時はまだ再処理を必要とみなす考え方が支配的だったのです。とはいえ、再処理には経済的利点がまったくありませんでした。というのも、濃縮ウランが必要なら、アメリカから安く手に入れることができたからです。莫大な費用をかけて再処理を行う必要などなかったのです。

第三の理由として挙げられるのは、ドイツの核エネルギー技師のあいだでさえ、再処理が好まれていなかったことです。一九六〇年代にカールスルーエの原子力研究センターに小規模の再処理施設が建てられました。しかし、これは原子力研究センターで最も嫌われたプロジェクトでした。というのも、再処理はきわめて厄介なプロセスで、原子力研究者も被爆は避けたかったからです。

四つ目の要因として、当時すでにジミー・カーター政権下のアメリカ政府が、増殖炉と再処理に反対する立場に転じたことも挙げられるでしょう。アメリカ政府は核拡散の危険を憂慮したのです。ゴアレーベン計画の反対者は、アメリカの有名な専門家を味方につけることができました。一九七九年にハノーファーで大きな公聴会が開かれましたが、これはドイツの核エネルギーの歴史のなかでも最も面白い公聴会だったと思います。非常に興味深いことに、議事録を読むと、原子力ロビーの内部でも意見が割れていたことが分かります。ロビーの中にも再処理施設に対する抵抗があったのです。

さらに第五の理由として、偶然の作用がありました。すなわち、この公聴会の直前にスリーマイル島の事故が起きたのです。それを受けて非常に大きな反原発のデモがありました。そして最後に、当時西ドイツでテロリズムに対する不安が非常に大きくなっていたことが挙げられます。一九七七年には、先にも少し触れたドイツ赤軍（RAF）のテロが頂点を迎えました。原子力施設はテロの格好の標的になり得るだろうという指摘が増えていきました。その結果、それまで原子力産業ロビーの守護神であったカール・フリードリヒ・ヴァイツゼッカーが、核エネルギーに対して距離をとり始めたのです。戦争とテロの危険を考えていた彼にとって、核エネルギーは居心地の悪いものとなったのです。私自身もその時期にある会議の場で、ヴァイツゼッカーの後ろ盾を失ったことで原子力産業のロビーが非常に動揺していることに気がつきました。アルブレヒトによるゴアレーベン計画の中止決定には、これらすべての要因が作用したのだと思います。

――日本でも反原発運動は折りに触れて――スリーマイル島やチェルノブイリの事故のあとなどに――一時的な盛り上がりを見せましたが、いつでもすぐにまた終息してしまいました。それに引き換え、どうしてドイツの反原発運動は成功を収めたのだろうか、と多くの人々が日本でも自問しています。この疑問に対する答えにはいくつかのパターンがあるのですが、根強い説明の仕方として、ドイツ人特有のメンタリティ——ほんのわずかな危険にすら過剰反応する「ドイツ人特有の不安」（ジャーマン・アングスト）——を持ち出すことがしばしばなされます。この「ジャーマン・アングスト」という説明原理について、どのようにお考えですか。

最初に言わなければならないのは、研究の現状に照らして判断するなら、「ジャーマン・アングスト」という仮説の真偽に関する単純で簡潔な解答は存在しないということです。このテーマを扱った最新の本を、私は最近読みました。ザビーネ・ボーデの著作（*Die deutsche Krankheit - German Angst*）ですが、まったく説得力がありませんでした。ひどく混乱した、論旨のはっきりしない本で、そもそも不安の概念がまったく明確化されていないのです。不安、心配、生産的な落ち着きのなさ等々がまったく区別されていません。ひょっとしたら、ボーデがこの本で主張しているように、二つの世界大戦の経験がドイツ人のメンタリティに何らかの痕跡を残したということはあり得ることかも知れません。ただし、もしそうだとすれば、日本人も不安がちでなければならないはずです。他方、反原発運動の理由としてのドイツ的不安という仮説に対する反証となり得るのは、スイスです。スイスでは比較的早い時期に核エネルギーの拒否が世論を支配しましたが、ナチも含めてドイツ人がしたような世界大戦の経験はないのです。

さらにもうひとつのしばしば主張される命題は、ドイツ語文化圏全体には、つねに潜在的な技術敵視、進歩敵視の態度が存在したというものです。イギリス、フランス、アメリカは進歩を肯定する基本的態度を発展させたのに対して、ドイツ、オーストリア、スイスからなるドイツ語文化圏は、ロマン主義以来、進歩に対して懐疑的な基本的態度を発展させてきたという主張です。この主張にも、たとえわずかではあれ、真理が含まれているのかも知れません。一九九〇年代に私は、ドイツの神経過敏について本を書きました（『神経過敏の時代』）。この神経過敏は、二つの世界大戦の結果生じた現象ではありません。一九〇〇年頃にすでにドイツ以上に神経過敏について語られた国はありませんでした。ドイツにおける以上に、神経過敏の原因が近代技術の発達のうちに見出され、大きな自然療法ブームが起きた国もありませんでした。したがって、少しはそうした懐疑的な伝統が存在したと言えるかも知れません。ただし、それはナチズムや世界大戦とは関係ありません。

しかし、その一方でドイツは、技術分野で非常に大きな成功を収めた国でもあります。私はいつも、原子力ロビーを立腹させるために、原子力技術の専門家フリードリヒ・ミュンツィンガーが一九五〇年代末に書いた手引書を引き合いに出すのですが、彼は基本的に原子力の支持者であるにもかかわらず、その本のなかで「ドイツ人はアメリカ人に比べて、原子力技術にはるかに懐疑的である。その理由は、ドイツ人のほうが理性的だからであり、投資家よりも経験豊富な技師の言葉に信頼を置いているからである」と述べています。「ジャーマン・アングスト」どころか、ドイツ人の理性ということですね。確かにこれもまた誇張された命題ではあります。結論的に言えば、私は「ジャーマン・アングスト」という命題に対しては非常に懐疑的です。ただし、ドイツ語圏において環境運動が他の地域よりも進展しているのは事実であり、それが注目に値するのは確かです。しかし、この理由を実証的に説得力のある仕方で説明することはとても難しいのです。これについては未来の歴史家がさらに研究する必要があるでしょう。

——私の見るところでは、この「ジャーマン・アングスト」という命題の問題点は、その真偽それ自体というよりもむしろ、それが事象の厳密な分析を妨げる点にあると思います。この命題を持ち出すと、ただちに、そしてあまりにも容易に、問いが片づいてしまうのです。

その通りです。それを引き合いに出すと、そこで話は終わってしまい、さらなる分析は不要になってしまいます。とりわけ、反原発運動に突破力をもたらすのに大きな貢献をした六八年世代の人々について言えば、彼らを突き動かしていたのは不安ではありませんでした。むしろ六八年世代は、強い理論的傾向を持っていました。だからこそ、ルディ・ドゥチュケ[*15]のような人物にとって、反原発運動は当初厄介な問題だったのです。彼らは本来、原子力技術に対してポジティヴな印象を抱いていたのですから。

日本から戻ってすぐ、私はベルリンでミランダ・シュラーズ[*16]に会いました。また、ヘルムート・ヴァイトナー[*17]とも長い時間、話す機会がありました。彼は一九八〇年代に都留重人と一緒に本を執筆し、そこで日本を西ドイツにとっての環境政策のモデルとして提示しました。ベルリンでの対話で、彼は次のような命題を提出しました。「日本には確かにいくつかのローカルな反原発運動が存在したが、それらのあいだにはネットワークが欠けていた。それらのローカルな抗議運動は、中央（東京）に対して非常に不信感を抱いていたので、まったくネットワーク化しようとしなかったのだ。そうした運動は、東京に事務所を持つ上部団体に帰属することを望まなかった。いわば『草の根』の運動でいようとしたのだ。一方、ドイツの環境運動でも、初期には同様のメンタリティが支配的だった。しかし、六八年世代がそこに政治的・戦略的思考を持ち込んだのだ。この世代はみずからの闘争を通して、リアリスティックに政治を考えることを学んだ。彼らの働きかけで、ローカルな市民運動がネットワークを形成するようになったのである。」このようなことを彼は語ったのでした。

実際、すでに一九六〇年代に、上部シュヴァルツヴァルト地方の村メンツェンシュヴァントで、ウラン採掘に対する継続的な抵抗運動がありました。その村の周辺に大規模なウラン資源があると思われたのです。ただ、この抵抗運動は純粋にローカルな性質のもので、地元以外の地域では真剣に扱われませんでした。私は一度、真冬にメンツェンシュヴァントを訪問し、村長にインタビューをしたことがあります。伝統的なシュヴァルツヴァルトの農民といった風情の、知識人的なタイプとはほど遠い人物で、自分の小さな世界に閉じこもっている感じでした。彼が語ったのは、「自分たちはただウラン採掘に反対だっただけだ。採掘が始まったら、イタリア人などの外国人がたくさん村に入ってくることになるだろう。また、たくさんのトラックが牛の飼育を妨げるかも知れないし、騒音も心配だ」というようなことでした。いずれにしても、その村の人々は地元に閉じこもっているようなタイプの人々で、彼らの運動も知識人には相手にされませんでした。この村の例を見ると、一九七〇年代に状況が変わったことがよく分かります。七〇年代になると、ブレーメンやフライブルクやベルリンから大学生が現地にやって来て、抵抗運動で大きな役割を果たすようになるのです。そして、こうした外部の人々が、アメリカからの最新の知識を地元にもたらしたのです。ヴァイトナーが言っていたのは、こうしたことが日本には欠けていたのではないかということでした。

——学生たちが地元の抵抗運動に組織論や戦略的思考をもたらしたということでしょうか。

もちろんなかには過激派もいましたから、そうした役割を果たしたのは学生たちの一部です。

面白いのは、マオイストのKグループが演じた役割です。東ドイツやモスクワに依存していたコミュニストたちは、原発というテーマを扱うのに苦労していました。というのも、東ドイツもソヴィエトも原発推進の立場だったからです。それに対して、毛沢東を崇拝したマオイストたちは、農民たちとの連帯を非常に重視していました。もちろん、彼らの抱いていた毛沢東像は願望の産物だったわけですが、彼らは田舎に行き、農民と連帯しなければならないと考えていたのです。しかし、最も建設的な役割を果たしたのはKグループではなく、むしろより穏健で現実的な左翼グループだったと思います。たとえば、社会主義ビューロー[*18]などですね。こうした人々が、運動という理念を政治に持ち込んだのでした。

先にも述べた通り、私にはいつも実際に生きている人間のことが思い浮かびます。私の昔からの友人であるラインハルト・ユーバーホルストは、私よりも五歳年下ですが、彼もまた六八年世代後期の運動の出身です。彼はすでに社会民主党青年部の時代に国会議員になりました。また、それと同時に反原発運動にも参加していました。ブロクドルフのデモで彼は負傷しています。国会議員であるにもかかわらず警察に棍棒で殴られたのです。しかし、そのように運動に参加しながらも、彼は同時に国会議員であり続けました。彼はまた原発推進派のヘルムート・シュミット首相とも面識がありました。とりわけのちに研究相になるフォルカー・ハウフとは親しい関係にありました。ユーバーホルストは、フォルカー・ハウフとともに、一九七九年に未来の核エネルギーに関する国会調査委員会を設立しました。これは「小史」にも述べられています。この委員会の設置は、反原発運動を政治の場で扱われるテーマにすることに貢献しました。これをきっかけにして、抗議運動は政治に受け止められたのであり、もはや庶民の盲目的な怒りの表出にすぎないものではなくなったのです。

——反原発運動に参加した学生たちは、その後、政治の世界に入っていったのでしょうか。あるいは逆に、若い政治家たちは反原発運動に参加したのでしょうか。

はっきりと答えるのは非常に難しいですが、両方のケースがあったのではないかと思います。私はフォルカー・ハウフのこともよく知っていますが、彼は最初から政治の領域に属していました。彼は長い間、原子力の熱烈な支持者で、若きテクノクラートだったと言えるでしょう。一方、ラインハルト・ユーバーホルストは市民運動の出身でした。そうしたバックグラウンドの異なる人々が出会ったということが重要だと思います。一方向への人材の流れだけでなく、双方向的な動きがあったように思います。いろいろな方向から来た人々が出会ったことが重要なのです。

——さきほどミュンツィンガーに言及されましたが、彼は技師に関するドイツ的伝統に連なる人物なのでしょうか。

そう言えるでしょう。すでに一九世紀以来存在するドイツの技術者の伝統というものがあると思います。つまり、技術と自然を何らかの仕方で融和させようとする技師の伝統があるのです。たとえば、マックス・アイトの例を挙げることができます。アイトは一九世紀末の最も有名な農業技術者であり、技術に関する著述家でもありました。彼はあるとき、「私たちの自然に対する勝利にはうんざりだ」と述べたのでした。技術者として、ひとは自然を屈服させようという野心を抱くべきではなく、何らかの仕方で自然に順応しなければならないのだ、と彼は考えていました。こうした思想がしばしば存在したのです。あるいは、作曲家カール・マリア・ヴェーバーの息子マックス・マリア・ヴェーバーに言及することもできます。彼は鉄道技師でしたが、安全性を考慮せずにできるだけ安く製造することだけを考えているとして、アメリカの鉄道を激しく批判しました。古きヨーロッパでは別のやり方をしなければならない、と彼は主張しました。この種の事例が豊富に見られます。一九一二年のタイタニック号の沈没が当時どのように語られたのかを確認するのは興味深いことです。ドイツの技師たちの典型的な反応は、「危険に対して盲目なまま最速記録を追い求めることは、アメリカ人やイギリス人に典型的な考え方である。我々は別のやり方でしなければならない」というものでした。タイタニック号の氷山との衝突は、真正面から自然と対決してはならないということを示すひとつの典型的事例になったのです。実際、ミュンツィンガーも先に触れた原子力技術の手引書のなかで、警告的な事例として一九一二年のタイタニック号の事故に言及しています。これは非常に興味深い伝統です。もちろん、ドイツの技術史には、この伝統に対する例外も数多く見出されるのですが。

――「小史」では、ドイツのメディアが反原発運動に注目し始めたのは比較的遅かったことが述べられています。それゆえ、反原発運動をメディアによって作られた現象とみなすことはできない、とあなたは指摘しています。メディアは反原発運動の展開のなかでどのような役割を果たしたのでしょうか。

これは非常に大きなテーマです。いずれにしても、はっきり言えるのは、のちに原子力産業のロビーが主張したのとは異なり、反原発運動は、センセーションを追い求め、好んでパニックを喚起するメディアの産物ではないということです。研究省の委託を受けて原子力に関するメディア報道の調査を行ったアメリカのバテル研究所は、一九七四年にその調査結果を発表しました。それによると、ドイツでこの時点までに報道された核エネルギーに関する記事、約二万件を分析したところ、核エネルギーに批判的な記事の割合はほんのわずか――総数で一二〇件程度――しかなかったのです。面白いことに、保守的な新聞である『フランクフルター・アルゲマイネ』紙は、当時、原発に批判的な科学記事を書く記者がいた唯一の全国紙でした。クルト・ルチンスキーという記者が、高速増殖炉に対して七年戦争を挑んだのです。しかし、これは当時としては例外的な事例でした。たとえば、一九七五年以降、反原発の論陣を張った『シュピーゲル』誌も、それ以前にはほとんどこのテーマに反応しませんでした。したがって、反原発運動の始まりがメディアによるパニックの喚起にあったとは決して言えません。このメディアと反原発運動との関係というテーマが依然として興味深いのは、ドイツにおける反原発運動の成立過程の研究が、いまだ十分になされていないからです。若い研究者がこの問題との取り組みをさらに深めてくれることを期待しています。この問題に関して、私がすでに決定的な答えを持っていると主張するつもりはありません。

——メディアによる報道が急増したのは、一九七五年のヴィールでの抗議行動以後ということでよいのですね。

その通りです。あそこが分水嶺になりました。ヴィールの抵抗運動がテレビなどで報道されたことで、このテーマは広く知られることになりました。

このとき、フライブルクの学生たちは成立途上にあった反原発運動の中心になりましたが、フライブルク市は今日でもヴィールを引き合いに出して環境都市としての自己イメージをアピールしています。フライブルクに行くと、「ドイツ環境運動生誕の地フライブルク」と書かれたパンフレットをもらうことができます。ヴィールはフライブルク市の英雄譚になったのです。しかし、もちろん、四〇年前にはそうではありませんでした。

またフライブルクと並んで、ブレーメン、とくにブレーメン大学も、反原発運動の中心になりました。ブレーメン大学は六八年以後、左翼の牙城でしたが、そこには二人の自然科学者がいました。ディトマー・フォン・エーレンシュタインとイェンス・シェーアです。彼らはお互いに敵対していました。シェーアはマオイストで、エーレンシュタインは穏健なＳＰＤ支持者でした。そして、両者ともに反原発運動を立ち上げました。しかしながら、「小史」でも少し触れたように、六八年世代は最初から反原発であったわけではありません。ベトナム戦争も終わり、六八年世代が古い目標を失ったとき、ある種の空虚感が広がりました。そして、まさにそのときに、市民と農民がデモを行い、警官とやり合うのを、彼らは見たわけです。そこで彼らは反原発運動を発見し、この運動に参画していったという側面は、確かにあります。

――あなたは、『自然と権力』の日本語版（二〇一二年）のために書き下ろされた「あとがき」のなかで、反原発運動は――もし成功したいと望むのならば――社会的孤立から抜け出さねばならないと書いています。日本における最近の脱原発デモの広がりを見ると、日本の反原発運動はまさにこれまでの社会的孤立を抜け出そうとしているようにも感じられます。「小史」のなかでは、ドイツの反原発運動が社会的孤立から抜け出した契機として、ゴアレーベンの重要性が指摘されています。ゴアレーベンにおいて、反原発運動は幅広い自然保護運動と結びつきました。「小史」ではまた、ゴアレーベンとの関連で「ヴェントラント自由共和国」についても言及されています。この「ヴェントラント自由共和国」という言葉には、どのような運動のあり方の変化が結びついているのでしょうか。

ゴアレーベンでは一種の村が設立されて、ヒッピー的な動きがありました。夏場には裸の男女が歩き回り、水辺で泳いだりしていたのです。それは一種のオルタナティヴ文化でした。ヒッピーの流れに由来するオルタナティヴなライフスタイルとの結びつきは、反原発運動の展開において、確かに一定の役割を演じていました。何よりもまず、それによって運動が楽しいものになったのです。反原発という一点しか頭にない反原発運動は、長い目で見ると、人生を満たすことができません。人生はもっと多様な要素から成り立っているのですから。雰囲気の点から言っても、ゴアレーベン以後、反原発運動は変わりました。それ以前には、私の目から見る限り、反原発運動には暗い部分がありました。警察との闘いを意図した戦闘的なKグループに支配されており、その結果、他の人々は運動から距離を取ることになりました。普通の人々は警察と殴り合ったりしないですし、たとえ殴り合っても勝てる見込みはほとんどありません。この「ヴェントラント自由共和国」によって、すべては生活を肯定する方向、より自然と結びついた方向に変化したのです。そこで反原発運動は、ドイツのロマン主義的自然観にも開かれることになりました。少なくとも私は、当時そのように感じました。

――ゴアレーベン以降、それまであまりアクティヴに参加していなかった人々も運動にかかわるようになっていったということでしょうか。

そういう印象があります。しかし、こうした事柄は実証的に研究するのがとても難しいのです。ドイツの反原発運動を研究した優れた基本文献と呼べる書物がこれまでのところ存在していないのには、理由があります。なかなか原資料にアクセスすることができないのです。部分的には、そもそも資料が存在していないですし、資料がある場合でも、原発運動に関わったグループはしばしば内に閉じていてなかなか資料を閲覧させてもらえません。ですから、私がここで話していることも、最終的な結論というわけではありません。

ちなみに、運動の変化ということで言うと、ゴアレーベンは自然保護と反原発運動の合流という点でも転機になりました。興味深いことですが、さしあたり、アメリカでもドイツでも、スイスやオーストリアでも、自然保護は原子力発電所に賛成でした。その理由は、第一に、煙突を伴う石炭の発電所はその煙で森林に被害を与えていたのに対して、原発はそうした被害をもたらさないからです。第二にまた、原発があれば水力発電所を阻止できることも理由でした。二〇世紀の初頭から第二次世界大戦後の時期まで、多くの技師たちは水力発電所を将来のエネルギー源とみなしていました。ルイス・マンフォードが一九三四年に発表した『技術と文明』という本があります。マンフォードはアメリカの環境運動の祖父とも言える人物ですが、水力発電の熱烈な支持者でした。しかし、アルプス地方やアメリカのロッキー山脈の自然保護運動家たちは、ダム湖に対して恐怖を抱いていました。というのも、ダムの建設によって美しいロマンチックな景観が破壊される恐れがあったからです。それゆえ、元来、自然保護運動の側には原子力発電所に対する共感が存在したのです。その点で、一九六〇年代、七〇年代にアメリカのシエラ・クラブ[*19]のカリスマ的リーダーだったデイヴィッド・ブラウアーのケースは非常に興味深いです。野生動物保護と自然公園を推進したシエラ・クラブは、水力発電所を阻止するために、長い間、核エネルギーを支持していました。しかし、デイヴィッド・ブラウアーは、一九六〇年代末に核エネルギーの危険性に関する情報が流布し始めたとき、それまでの態度を変更し、核エネルギーに反対を表明しました。そのせいでブラウアーはシエラ・クラブと決別し、「地球の友」（フレンズ・オブ・ジ・アース）を設立したのです。そして、これがドイツにおける反原発運動に最初の刺激を与えたのでした。そういうわけで、自然保護から反原発運動に進む論理的必然性があったわけではないのです。

私が好んで見せる写真があります。その写真は、ゴアレーベンの建設予定地で警察が反対者を排除する様子を示しているのですが、反原発運動の支持者たちは木を抱きしめて抵抗しているのです。カメラを意識してポーズを取っていることが分かります（笑）。この写真は、反原発運動と昔からの森林保護との結合を示す象徴的なイメージとなりました。ゴアレーベンの運動は、ひとつの転回点をしるしづけていると思います。つまり、この時点から反原発運動は自然保護の支持者たちと連帯するようになったのです。ゴアレーベンが位置するヴェントラントは、旧東ドイツ側につき出した西ドイツ領土で豊富に自然が残っていました。現地の森林の所有者も反原発運動を支持しました。古いドイツのロマン主義的森林観と反原発運動がそこで合流したのです。

――ドイツの反原発運動が社会的孤立から抜け出した最も重要な要因は何だったと言えるのでしょうか。

それを反原発運動の側だけから説明することはできないでしょう。むしろ当時のドイツ社会全体の動きを見ないといけないと思います。たとえば、すでに述べたラインハルト・ユーバーホルストのように、有力者とのつながりを持った若い政治家が運動にかかわるようになった状況の変化もひとつの要因でしたでしょうし、六八年世代の人々のなかには当時すでに教師などの仕事をしている人がいたことも忘れるわけにはいきません。この点でヘルムート・ヴァイトナーが六八年世代の役割について述べたことは、確かに正しいのでしょう。ただ街頭でデモをするだけでなく、公的機関と関係を築くすべを知っている、人生経験のある人々がいたことも一因です。私だけでなく、多くの若手研究者もまた反原発運動にかかわりました。というのも、この運動とそれが提起した諸問題は、知的にも非常に刺激的だったからです。さらには、ドイツ人のあいだで核エネルギーは決して広く好まれてはいなかったということもあったでしょう。一九五〇年代、六〇年代にも幅広い不信感がありました。そうした潜在的な不信感が運動によって顕在化したと言うこともできます。しかし、反原発運動の社会的孤立からの脱却を、何か単一の要因に帰すことはできないと思います。

驚くべきなのは、この運動が非常に粘り強いことです。というのも、一九八一年末以降、「森の死」のテーマが舞台を占拠したからです。そして、「森の死」の警告は核エネルギーから注意を逸らすことになりました。この警告は原子力発電所を攻撃対象から外し、石炭の発電所を標的にしました。チェルノブイリの少し前の時期には、気候変動に対する警告が鳴り響きました。そして、気候変動の警告もまた、原子力発電所を標的から外したのです。一九八〇年代の始めに、高速増殖炉の支持者だった同僚の物理学者は、まだ何も証明されていない時点で気候変動の警告に反応し、気候変動を防ぐには原子力発電所が必要だと主張したものです。反原発運動が持続した執拗さは注目に値します。それはあらゆる予想に反して続いたのです。初期の反原発運動の活動家たちは、大きな不満を抱えていました。「この国では何も変わりはしない。すべてのポストは元ナチに占拠されているのだ」という文句をよく耳にしたものです。ひょっとしたら、日本で反原発運動をしている人々にとって慰めになる話かも知れません。運動は辛抱強くなければならないのです。とはいえ、日本の反原発運動の状況と大きく違う点もあります。それはドイツには石炭資源が豊富に存在したことです。一九七〇年代には、電力経済的に見ると、核エネルギーに対する需要はまったくありませんでした。これは私の『ドイツ原子力産業の興隆と危機』にも書いたことですが、西ドイツ政府はＲＷＥを核エネルギーに参画させるのに非常に苦労しました。ＲＷＥは石炭を豊富に持っていたので核エネルギーを必要としていなかったのです。ここが日本との違いです。核エネルギーに対するオルタナティヴの問題ですね。

――市民対話や集会や反原発運動のキャンプなどを通した学習過程があったと思うのですが、どうだったのでしょうか。集団で学ぶようなプロセスがあったのでしょうか。

当時は、非常に数多くのパンフレットや文献が流通していました。私はいくつもの文献をまとめて何度も論評しました。一九八七年に発表した論文でも、私は当時流通していたたくさんの文献を考察していますが、それらの文献のいくつかは非常に興味深いものでした。それらによって新しい世界が開かれたのです。

「核エネルギー市民対話」では、核エネルギーの賛成者と反対者とのあいだで議論が行われました。そして、その対話は赤い表紙のパンフレットとして出版され、学校などに配られました。それによって面白い文献に触れることが可能になり、学校でそれをテーマにして授業を行うこともできたのです。そして、学校でもまた熱い議論が戦わされました。こうしたことはすべて軽視できないことだと思います。人々は一歩一歩新しい知的領域を開拓しているような気分を味わっていたのです。当時は本当にたくさんのパンフレットが流通していました。

——いまならインターネットになるのでしょうが、当時はパンフレットがメインの媒体だったのですね。集会などもあったのでしょうか。

もちろん集会もたくさんありました。インターネットがなくとも豊富な情報の流れは存在したのです。逆に今日のインターネットには情報が多すぎるという欠点があります。

——『エコロジーの時代』では、多くの著名な科学者が新しいテクノロジーに対して批判的に発言したアメリカとは異なり、ドイツでは原子力コミュニティがより閉鎖的で、言語統制が効いていたと述べられています。それゆえに、原子力技術に懐疑的な人々はみずから学ばねばならず、反原発運動も科学者ではなく一般の人々から発したのですね。

ただし、その場合でも情報は重要でした。ホルガー・シュトロームやイェンス・シェーア[*20]の著作が情報源となったのですが、彼ら自身はアメリカから情報を得ていました。

世界各地の反原発運動の大がかりな国際比較を行った研究はいまだ存在していません。『エコロジーの時代』で私が述べたことも、結論的なものとは言えません。ともかく、次のようなことは言えるでしょう。アメリカの反原発運動の中心は、一九六〇年代から七〇年代初頭にありました。しかし、その後、カーター政権のもとで新規の原発の発注がなくなったことで、ある程度問題が片づいてしまいました。それに加えて、アメリカには批判的な専門家が存在しました。「憂慮する科学者同盟」のような団体がありましたし、指導的なニューディーラーで一九三〇年代にはＴＶＡのトップを務め、一九四六年に初代原子力委員会委員長となったデイヴィッド・リリエンタールも、一九六〇年には核エネルギーに対して距離を置きました。そうした態度の変化は、象徴的な意味を持ちました。さらにドイツ・ハンガリー系移民で、水素爆弾の父となったエドワード・テラーもまた、まさしく爆弾開発の経験から核エネルギーの危険性を知っていたがゆえに、核エネルギーに対して批判的なコメントをしています。アメリカでは核エネルギーと爆弾開発との結びつきが、西ドイツにおけるよりもずっとはっきりしており、そのことが批判的な専門家の存在と結びついていました。一方、西ドイツでは、問題の布置が異なっていました。西ドイツの核武装に反対する原子物理学者たちによるゲッティンゲン宣言（一九五七年四月）がありましたが、そこでは核武装への反対が平和的な原子力利用に対する熱心な賛同と結びついていたのです。

――ドイツでは、アメリカとは異なり、公の場で原子力技術を批判するインサイダーはいなかったけれども、そのかわりに市民がみずからアクティヴに情報を集めて警鐘を鳴らしたということですが、日本でもいわゆる原子力村は極めて閉鎖性が高く、原子力に対して批判的な発言をする指導的科学者もほとんどいませんでした。しかし、そのかわりに市民運動が活動的になることもありませんでした。こうした違いを見るとき、ドイツでは、たとえば一九七八年に創刊された『ターゲスツァイトゥング（taz）』紙のようなオルタナティヴ・メディアが一定の役割を果たしたのではないかと思うのですがいかがでしょうか。それとも緑の党の登場が大きかったのでしょうか。

緑の党は、反原発運動の成立と発展にとって、副次的な意味しか持ちません。緑の党が結成されたのは、ようやく一九七九年になってからだからです。一九七九年には、反原発運動の最盛期はすでに過ぎ去っていました。むしろエコ・インスティチュート[*21]のような組織や制度のほうが重要です。エコ・インスティチュートは、コンサルタント機能を持ち、認可プロセスにも関与しました。私たちは、反原発運動の物質的基盤に注意を払わねばなりません。運動家たちも、何らかの仕方で生活していかねばならないからです。ですから、彼らがどのような組織に属していたのかを見ることが重要です。私は日本の原子力村のことを遠くから見聞しているだけですが、ドイツの原子力コミュニティよりもさらに閉鎖的であるという印象を抱いています。ドイツの原子力コミュニティの内部には、それでも異端的な意見の持ち主が存在していました。高温ガス炉の支持者たちがそれです。私は部分的にはこれらの人々からも、批判的な情報を入手しました。私はここでやや大胆な仮説を立ててみたいと思います。少なくとも遠方から見る限り、日本では産業の重点が電子工学にあったように思われます。そして、原子力技術はアメリカから仕入れたのです。「我々が世界のトップになる分野は電子工学だ」と日本の人々は考えたのではないでしょうか。日本では最も優秀な人材が核技術とは異なる分野に進んだという印象を受けます。一方、西ドイツで核技術の分野に進んだのは、部分的には、最も優秀な人々でした。そして、トップクラスの人々というのは、しばしば独立した精神の持ち主で、簡単にコントロールすることができません。そういう人々は単なるプロパガンダを行うのではなく、批判的に物事を見ることが多いのです。たとえば、ハインツ・マイヤー・ライプニッツ[*22]は、一九五五年に最初の研究炉をミュンヘンに作りましたが、後年、彼からも核技術に対して批判的な発言が聞かれました。さらには、一九六〇年代にカールスルーエで高速増殖炉を開発し、増殖炉の教皇と呼ばれたヴォルフ・ヘーフェレでさえ、一九七〇年代には電力会社のプロパガンダを担うような人々ではなく、独立した専門家を重視していました。こうした点に関して、日本の状況は若干異なっているという印象を持っています。

——吉岡斉はその著書(『原子力の社会史』)のなかで、日本が当初、軽水炉をアメリカから輸入した経緯を検討しています。そこで吉岡は、日本がアメリカから軽水炉を輸入したのは、それが最も容易に原子力発電を実用化する道だったからであるが、同時にそれは日本の技術開発の基本パターンでもあったと指摘しています。まずは外国から技術を輸入し、それを研究・改良することでみずからの技術水準を高めていくという方法です。そして、高速増殖炉もんじゅで日本の技術者が直面している困難は、先行するお手本のない領域でみずから技術を開発していかねばならない点にあるとも、吉岡は述べています。

それは非常に興味深い指摘ですね。吉岡がアメリカで出版された論集に寄稿した論文も非常に面白いものでした。日本の原子力開発では長い間、二元的体制が存在したという指摘で、電力産業〔と通産省〕はアメリカから原子炉を輸入する方針であったが、科学者〔と科学技術庁〕は独自の技術開発にこだわったということでした。この構図は典型的なもので、基本的に西ドイツでも同様でした。フランスやイギリスやカナダにもそうした二元的構造が見られます。しかし、もしそうした状況だったならば、日本の原子力研究者のなかからアメリカ製原子炉について批判的な発言をする人物が現れてもおかしくなかったようにも思えます。本来、西ドイツの原子力研究者のあいだで優勢だった立場は、アメリカ製の原子炉を輸入して改良していくという方向性ではなく、最初からドイツ独自の道を行くという方向性でした。すでに第二次世界大戦時に、いわゆるウラン・クラブがありました。この組織はヒトラーのために原子爆弾を開発しようとしたのですが、戦後になって原子爆弾ではなく原子炉を開発しようとしていたのだと主張しました。これも私が解体した神話です。これらの科学者たちは当初、重水炉を開発しようとしました。なぜなら、それは爆弾に使える核分裂生成物を手に入れる最も安価な方法だったからです。この重水炉のコミュニティが、西ドイツの原子力開発の最初にあったのです。アメリカから独立してみずからの道を進もうという野心があったのです。注目に値するのは、ドイツの電力産業の側では、意見が割れていたことです。ジーメンスの原子力部門のトップにいたのは、ヴォルフガング・フィンケルンブルクという人物で、彼はハイゼンベルクの親しい友人であり、重水炉の支持者でした。それに対して、AEGはジェネラル・エレクトリック（GE）と提携しており、フクシマでも事故を起こした沸騰水型原子炉（軽水炉）をGEから受け入れました。逆説的だと言えるのは、最も積極的にアメリカ製原子炉を導入したAEGが挫折（経営破綻）したことです。ジーメンスは確かに重水炉で失敗しましたが、みずからの道を歩んだことで、アメリカに依存せずに済む独自の能力を発展させることができました。非常に奥深い歴史です。ちなみに、東ドイツでも状況は同様でした。原子力スパイとして活動してイギリスで拘束されたクラウス・フックス[*23]は、釈放後に東ドイツのロッセンドルフで原子力研究所の副所長になりましたが、彼も独自の道を行こうとしました。彼は溶融塩原子炉を採用しようとしたのです。ちなみにこの原子炉型は、アルヴィン・ワインバーグ[*24]が第二原子力時代の原子炉とみなしたものでした。そういうわけで、吉岡が日本について記述している二元的構造は、典型的なものなのです。

――「小史」でも『エコロジーの時代』でも、将来のエネルギー政策を審議した一九七九年の調査委員会のことが言及されています。今回、フクシマ後にメルケル首相によってエネルギーシフトに関する調査委員会が設置されたこともあり、日本でも調査委員会という制度への関心が高まっています。一九七九年の調査委員会の重要性は、どのような点にあったのでしょうか。

一九七九年の調査委員会は、ラインハルト・ユーバーホルストが主催していた対話の夕べから生まれたものでした。これはいまでも催されていて、私も二五年前から歴史家として参加しています。そこには政治家やジャーナリスト、研究者や社会運動家が出席していました。ユーバーホルストは、当時、オランダでコミュニケーション・トレーニングを経験したのでした。それは当時としては新しいものでした。調査委員会を組織するに当たって、彼が抱いていた基本的なアイデアは、原子力については賛成・反対という枠組から離れて議論することが重要であり、毎回同じ論拠をぶつけ合うのではなく、より建設的に考える場が必要だというものでした。しかし、そうしたことが可能になるには、いくつかの前提がありました。第一の前提条件は、核エネルギーが新しい諸問題と結びついた見通しがたい領域であることを参加者全員が自覚し、自分にはみずからの利害が分かっていると性急に思い込んではならないということです。そもそもみずからの利害を意識化するために、ひとまず学び、議論し、情報を得る必要があるのです。ユーバーホルストの合言葉は、「立場的政治ではなく討議的政治を」というものでした。伝統的には、ひとは決然として自分の立場を主張すべきであり、自己の立場をどこまでも擁護し、異論には反撃すべきであるとされてきたわけですが、ユーバーホルストは、ちょっとやり方を変えてみようとしたわけです。自分の利害が何であるのか、それはそれほどはっきりしていないということ、そして、将来何が成功を収めるのかはなおさら分からないということ、知的な人間はまずこの認識から出発しようということです。次に第二の前提条件ですが、それは将来進むべき道には複数の選択肢があることを認め、複数のシナリオを考察することです。未来は不確かであり、将来、最終的に何が成功を収めるのか見通しがたい以上、ひとは様々な前提条件から出発して、多様なシナリオを検証しなければならないのです。

さらにつけ加えれば、両陣営の指導的人物がお互いをよく知っていたという事情も、この調査委員会の成功には一役買っています。調査委員会に参加していた核エネルギー推進派のリーダーは増殖炉の推進者ヘーフェレだったのに対して、反対派のリーダーは哲学者のマイヤー＝アービヒでした。そして、ヘーフェレもアービヒも、ともにヴァイツゼッカーのグループの出身だったのです。ですから、二人ともお互いのことをよく知っており、議論を戦わせたあとで一緒にワインを飲み、お互いが内輪の席で語ったことを公的な議論の場で武器として用いないという信頼関係がありました。そうした人的つながりが大きな役割を果したのは確かです。いま海賊党が政治の完全な透明性・公開性を掲げて躍進していますが、歴史的に見ると完全な透明性・公開性を求めることは間違っています。ときには対立する人物どうしが少人数で会って話し合えることが必要ですし、記者のいない場所でオープンに気楽に話せる場が必要です。一九七九年の場合には、これがうまく機能したのでした。ユーバーホルストによれば、最も決定的な瞬間は、両陣営がお互いにそれほど隔たっておらず、双方が可能と考える道筋が部分的には交わっていることに、参加者が気付いた瞬間だったと述べています。

しかしながら、調査委員会はつねにそのようにうまく機能するものなのかということは、大きな問題です。また日本の場合、どれがエネルギー政策的にベストな選択なのかについて、知的な人間なら誰も正解を知っていると自惚れることはできないでしょう。複数の道を選び出し、部分的には実際に試してみる必要があるでしょう。太陽エネルギー、地熱発電、風力発電などが上手くいくのかどうか、試してみなければなりません。

――日本では、将来のエネルギー政策についての議論は、ようやく本格的に始まったところです。しかし、その議論では、対立する立場が繰り返し衝突する場面が見られます。

現在どうするかよりも、むしろ将来のエネルギー政策の道筋を構想することのほうが生産的な場合があるということは言えます。ユーバーホルストが調査委員会の歴史的瞬間として私に語ったのは、彼が高速増殖炉の推進者ヘーフェレにエネルギー政策の将来像を描くように求めたときのことでした。ヘーフェレは目を輝かせて、西ドイツ中に増殖炉を作るビジョンを語り出しました。すると突然、参加者がみな笑い出したのです。原発推進派の人々も、西ドイツ中に増殖炉を作る計画がまったく不条理であることに気付いたのです。これは明らかにおかしい、私たちは別のシナリオを考えるべきだ、ということになりました。私が日本の人々に勧めるのは、複数のエネルギー政策のオプションを徹底的に検証してみることです。

――『自然と権力』や『エコロジーの時代』において、再生可能エネルギーは新しい政治スタイルを必要とすると指摘されていますが、なぜでしょうか。

オルタナティヴなエネルギーの支持者のあいだでも、オープンな議論がなされているとはまったく言えません。潜在的には大きな緊張関係が存在するのです。この開かれた議論の欠如が、現在のドイツの大きな問題だと思います。いたるところでこの問題に出会います。舞台裏では不満が口にされているにもかかわらず、それが表舞台で議論されることがないのです。たとえば、私の隣人は小さな会社の経営者ですが、彼は自分の家の屋根に太陽光パネルを設置しています。ちょうど政府の補助金が出たときに、それを設置したのです。私の家でも南側の屋根なら太陽光パネルを置いても良いかも知れませんが、美学的にあまりきれいではないし、影になることも多いので効果に疑問があります。こうした異なる観点を知的に考量する必要があるのです。風力発電施設に適しているのはどこなのか、そして、どこに設置するとそれは景観を破壊することになるのか。ドイツ中に太陽光パネルを設置することに、どの程度の意味があるのか。むしろサハラ砂漠に太陽光発電施設を作って、そこから電力を輸入したほうがいいのではないか。それともそうしたアイデアは間違っているのか。こうしたことが非常に見極めがたい状態にあります。サハラ砂漠に設置した太陽光発電施設から電力を得ようというプロジェクト「デザーテック」は二〇〇八年から進んでいますが、興味深いことに、そこで採用されているのは太陽電池パネルを使う方式ではなく、集光型太陽熱発電（CSP）なのです。環境運動界隈では、こうした発電方式について激しい対立が存在しますが、それがオープンに議論し尽くされることはほとんどありません。最近の『ツァイト』紙に、このプロジェクトに批判的な興味深い記事が出ましたが、なぜこれまで知的な論争がなされていないのか不思議です。核エネルギー論争についてはたくさんの本があるのに、太陽エネルギーをめぐる論争については、なぜこれほど出版物が少ないのか。私はここに大きな議論の欠如があると思います。たとえば、いま環境運動界隈では、どの程度まで太陽エネルギーを補助金によって援助すべきなのかをめぐって激しい論争が生じています。ここ数年で最も大きな論争です。太陽エネルギーの支持者のあいだでも、現在の補助金の規模はむしろ有害であると主張する人々がいます。というのも、それによって市場原理による合理的な選別が機能しなくなるからです。他の人々は、現在の国による補助金を不可欠なものとみなしています。そして、これらの人々の主張は、まったく公平無私なものとは限りません。背後に様々な利害関係が存在していることが多いのです。そういうわけで、人々のあいだで意見は食い違っているのですが、多くの問題はいまだ議論し尽くされておらず、何が正しいのか非常に見極めにくい状況です。そして、ときには、ある主張がどの程度真に受けるべきものであるのか判断するために、それを主張している人物を知る必要もあるのです。こうした状況でより理性的な公共的議論が可能になるように働きかけることも、歴史家としての私の役割であると考えています。

――再生可能エネルギーもまた、それ特有の不確定性と結びついているということですね。

再生可能エネルギーの不確定性は、核エネルギーのそれとは異なります。再生可能エネルギーによって、核エネルギーの場合のような大災害が引き起こされることはないでしょう。原子力施設の場合、それを解体するのも途方もなく手間のかかるプロセスであり、莫大な費用がかかります。それに比べれば、風力発電施設の解体は容易です。エラーに寛容であることは、技術にとって非常に大切です。失敗しても取り返しのつかないことにはならないというのは、大きな利点です。しかし、オルタナティヴなエネルギー技術の裏面は、それによって部分的には景観が破壊されることでしょう。多くの自然愛好家や自然保護運動家は、ドイツでバイオ燃料のためのトウモロコシ畑がますます拡大していることを憂慮しています。また風力発電施設に対しても憎悪に満ちた争いがあります。つまり、エコロジーの異なる立場のあいだにも対立があるのです。こうした対立を理性的に議論し尽くすことが必要だと思います。

——あなたは原子力の問題を公共的議論の対象にすることが必要だと繰り返し述べていますが、原子力テクノロジーそれ自体は極めて複雑です。このテクノロジーの複雑さにもかかわらず、それを公共の場で議論し尽くすことは可能でしょうか。

確かに難しい問題ですが、少なくとも既存の組織とは異なる、それと競合するような研究組織が必要だと思います。原子力の議論を公共に開くためにも、原子力コミュニティから独立した研究機関を作る必要があるでしょう。また、原子力技術の影響を受ける当事者である市民が直接議論に参画すべき問題は、確かに存在すると思います。風力発電の場合と同様です。たとえば、デンマークは風力発電施設の分野ではドイツよりも進んでいます。そこでの原則は、風力発電施設は地方自治体によって運営され、自治体の収入になるということです。したがって、自治体自身が風力発電施設からの収入と景観の保護とのあいだで優先順位を設定し、決断を下すことになります。そうした問題についての決定に関しては、しばしば専門家は存在しません。つねに問題を具体的な文脈のなかで見ることが大切であり、地元住民がみずから決断すべき問題があるのです。

――「小史」の末尾で、反原発運動を「新しい啓蒙」と呼んでいますが、どの程度までこの運動は「啓蒙」と呼びうるポテンシャルを持っているのでしょうか。

最初に認めねばならないことですが、この命題には反論の余地があると思います。私の長年の同僚であるフランク・ユーケターは、いつも私の命題を批判するのですが、彼の意見によれば、環境運動――そして反原発運動――には、あまりに多くの非合理的な不安が渦巻いているのです。この見解に対して、私はみずからの全体的印象を述べることしかできません。第一に指摘したいのは、核エネルギーに関する文献の洪水とそこで展開された議論――それは必ずしも紋切り型の論拠の応酬ではありませんでした――を追うことは、私にとって、長期にわたって非常に刺激に富む経験だったということです。そうであったからこそ、私だけでなく、六八年世代の多くの知識人が、この議論に加わったのだと思います。感情的に言えば、私は核エネルギーに対してそれほど大きな不安を抱いていません。むしろ決定的に重要だったのは、この議論がつねに地平を拡大していくものだったことです。原子力をめぐる議論はどんどん他の領域、他の分野に広がっていき、最終的に、世界に対する新しい理解をもたらしたのでした。この議論は諸学問の境界を越え、社会科学、自然科学、そして工学を架橋しました。またそれは国家や文化の境界も越えていきました。それによってこの議論には、啓蒙と呼べるような特徴が備わることになったのです。

また、かつての啓蒙と新しい啓蒙とのあいだに連関を作り出すことも刺激的です。一八世紀の啓蒙もまた、それ固有の自然崇拝を伴っていました。しかし、当時の自然への愛は、知的な観点から見ると、限界のあるものでした。昨年、スウェーデンのウプサラで講演したときに、私はこのことに気がつきました。ウプサラの有名人と言えば植物学者のリンネですが、リンネは秩序の観念に取り憑かれていました。リンネ自身は野生の自然に魅了されていたにもかかわらず、自然は秩序づけられねばならないと考えていたのです。また、私は昨年の夏、パリでも新しい啓蒙について議論しました。フランスでは、ビュフォンが一八世紀の博物学の巨人です。パリの自然史博物館は、ビュフォンの精神を受け継いでいます。そして、リンネとビュフォンのあいだには、激しいライバル関係がありました。ビュフォンと自然との関係を見ると、それは純粋に功利主義的なものでした。ルソーにもまた、自然崇拝は見出されます。ルソーは先の二人とは異なる精神の持ち主でしたが、つねに善なる自然を信じていたのです。したがって、これら三人にとって、一七五五年のリスボンの地震は衝撃的な出来事でした。そういうわけで、新しい啓蒙は、一方において古い啓蒙の自然崇拝を継承しつつ、他方ではまさにこの古い自然崇拝の弱点――一方的な秩序への依拠、功利主義、そして人間にとって善なる自然への信仰――からみずからを解き放ってもいるのです。その限りにおいて、環境運動が古い啓蒙に結びつくことには、精神史的な論理があると言えるでしょう。

とはいえ、世界中で展開する環境運動が純粋に合理的な動機のみによって突き動かされているのではなく、感情的な要素もまたそこでは一役買っていることを証明するのは容易です。スピリチュアルな動機、宗教的な動機、イデオロギー的な動機も、そこでは作用しています。『エコロジーの時代』でもいくらか述べたことですが、エコロジーの闘士たちは少し頭のおかしい連中だったと証明しようとするならば、それを裏付ける証拠もたくさん見つかるでしょう。しかし、私にとって決定的に重要なのは、一九七〇年に瞬く間に環境運動が広がったということです。たくさんの異なるルーツがこのとき結びついたのです。そして私は、当時作り出されたこの結びつきの本質は知的なプロセスだったと考えています。歴史のなかに散らばっている環境運動の個々のモチーフは、感情的要因、スピリチュアルな要因、イデオロギー的な要因、集団的利害にかかわる要因を持っていたでしょう。しかし、それによって大きな流れが生み出されることになったネットワーク化のプロセスは、本質的に知的営為の所産だったのです。これが私にとって、新しい啓蒙という命題の論拠になっています。それに加えて、すでに述べた境界を越えていく思考ですね。バリー・コモナー[*25]は、エコロジー的思考では、すべてのものが他のすべてのものと結びついていると述べています。これは非常に一般的な表現であり注意が必要ですが、エコロジー的思考に境界がないことを示しています。環境運動をより大きな時間的・空間的枠組で見ることは良いことだと思います。というのも、環境運動をあまりに狭い枠組で見ると、それは偏執的にひとつのテーマに固着しているという印象が生じかねないからです。しかし、環境運動をより大きな時間的・空間的地平で考察するならば、そこには多様性が含まれており、ひとつのテーマから別のテーマに移行していくダイナミズムを認識することができます。

——最後に、メルケル首相の方針転換について触れたいと思います。あなたは『自然と権力』の日本語版への「あとがき」で、この決断は正しいものだったと述べています。この決断は日本のメディアでも政策の大転換として報道されましたし、ドイツでも電力会社を始めとする原子力ロビーの猛反発を呼び覚ましました。しかし、メルケル首相の政策変更の動機が何であったにせよ、もともとフクシマの前にもキリスト教民主同盟率いる連立政権は、原発存続を決めていたわけではなく、脱原発の期限を先送りしただけでした。私にはメルケル首相の政策転換がやや過大評価されているように思えるのですが、いかがでしょうか。

次のことを補足しておきたいと思います。少なくとも潜在的な形では、脱原発はすでに電力業界でも決定済みの事項でした。というのも、とりわけ原子力発電の場合には、電力業界は非常に長期的な計画の確実性を必要とするのですが、そうした確実性はもはや存在していなかったからです。たとえいまは原発に好意的なCDU政権だとしても、数年後には原発に批判的な緑の党が政権に参画するかも知れないと懸念しなければならないような状況では、原子力発電に投資することなどとてもできません。その意味で、メルケル首相の決断は、一見そう見えるほどにはドラマチックなものではなかったのです。しかし、百年後に何が正しかったと証明されるのかを知っているひとはいません。ひょっとしたら将来の世代は、私たちの世代は愚かだったと判断するかも知れないのです。

『自然と権力』の終章の冒頭でも触れた、モンテヴェリタでの原子炉安全性に関する国際会議の際、私はイタリアの原子力技術者と長いこと話をしました。彼は原子物理学者カルロ・ルビアの同僚でした。ルビアはドイツのルードルフ・シュルテン[*26]やアメリカのアルヴィン・ワインバーグと似た考えの持ち主でした。私が話したイタリアの技術者は、「軽水炉はあまりに危険なので廃止すべきだ。軽水炉よりもずっと受け入れやすい他の核技術上の解決策は存在する」と語りました。しかし、彼は同時にまた、「現状において、そうしたオルタナティヴを採用しようとすれば、既存の原子力ロビーとの戦いになるだろう。現在の原子力コミュニティが解体されなければ、他の原子炉型がチャンスを得ることはないのだ」とも述べていました。

電力会社や原子力ロビーの猛反発についてですが、そもそもエネルギー政策に関する事柄には、純真無垢なテキストなど存在しないことを知らねばなりません（笑）。すべての発言、すべての文書を、批判的に扱う必要があります。その文章を書いている人物を知らねばなりませんし、その人物の過去の経歴を知らねばなりません。原発推進派だけでなく、エコロジー派の側でも全員が天使なわけではありません。ひとがメディアで発言する内容と、その人物が本当に考えていることとは、しばしばまったく一致しないのです。そこに歴史家の任務があるとも言えます。なぜなら、歴史家は資料を批判的に扱う訓練を積んでいるからです。資料を検討し、その著者を検討し、書かれた状況を検討すること、そうしたことがここでは非常に重要なのです。

訳注

＊1　ユーリヒ　ノルトライン＝ヴェストファーレン州ユーリヒに一九五六年に設立された研究施設。

＊2　「モガディシュ事件」　一九七七年一〇月に起きたドイツ赤軍とパレスチナ解放人民戦線によるルフトハンザ航空機のハイジャック事件。

＊3　クラウス・トラウベ（一九二八年―）　AEGの原子力部門などを指揮したのち、責任者としてカルカーの増殖炉プロジェクトを推進したが、後年、原子力技術の批判者に転じた。

＊4　「原子力フォーラム」　ドイツの原子力産業界や原子力関連機関からなるロビー団体。
＊5　ラインハルト・コゼレック（一九二三―二〇〇六年）　戦後ドイツを代表する歴史家のひとり。歴史理論や歴史的概念の研究を牽引。ビーレフェルト大学で長年教鞭をとった。
＊6　「特別研究領域」（ＳＦＢ）　ドイツにおける研究助成制度のひとつ。学際的なテーマに特化し、複数の研究機関の研究者が協働する基礎研究プロジェクトを比較的長期にわたって助成する。
＊7　「ビーレフェルト学派」の歴史学　ハンス゠ウルリヒ・ヴェーラーとユルゲン・コッカを中心とする歴史研究の方向性。ドイツにおける社会史研究に大きな影響を与えた。
＊8　ハンス・モムゼン（一九三〇年―）　著名な歴史家。主にヴァイマル共和国とナチズムの時代を研究。
＊9　フリッツ・フィッシャー（一九〇八―九九年）　二〇世紀ドイツを代表する歴史家のひとり。第一次世界大戦の原因をめぐって「フィッシャー論争」を巻き起こした。
＊10　テオバルト・フォン・ベートマン・ホルヴェーク（一八五六―一九二一年）　ドイツ帝国の政治家。一九〇九年から一九一七年まで宰相を務めた。
＊11　ギュンター・シュヴァープ（一九〇四―二〇〇六年）　オーストリア出身の作家。シュタイアーマルクはオーストリアの連邦州のひとつ。
＊12　フォルカー・ハウフ（一九四〇年―）　社会民主党の政治家。一九七八年から八〇年まで連邦の研究相を務めた。
＊13　エルンスト・アルブレヒト（一九三〇年―）　キリスト教民主同盟の政治家。一九七六年から一九九〇年までニーダーザクセン州首相を務めた。
＊14　ヴェントラント　ブランデンブルク、メクレンブルク゠フォアポメルン、ニーダーザクセン、ザクセン゠アンハルトの各州の境界地域を指す。ゴアレーベンはヴェントラントにある。
＊15　ルディ・ドゥチュケ（一九四〇―七九年）　ドイツの社会学者・政治活動家。一九六〇年代に学

生運動の指導者として活躍した。
＊16　ミランダ・シュラーズ（一九六三年―）　アメリカ出身の政治学者。ベルリン自由大学教授。
＊17　ヘルムート・ヴァイトナー（一九四八年―）　ドイツの政治学者。環境政策の専門家。
＊18　社会主義ビューロー　一九六九年に設立された新左翼の組織。
＊19　シエラ・クラブ　一八九二年に設立されたアメリカ合衆国最初の自然保護団体。
＊20　ホルガー・シュトローム（一九四二年―）　ドイツの著述家。一九七一年に出版された『平和的に破滅に向かう』は、反原発運動に大きな影響を与えた。
＊21　エコ・インスティチュート　一九七七年に設立された民間の研究組織。環境問題を専門的に扱う。
＊22　ハインツ・マイヤー＝ライプニッツ（一九一一―二〇〇〇年）　ドイツの物理学者。ミュンヘン工科大学で研究を行った。
＊23　クラウス・フックス（一九一一―八八年）　ドイツ生まれの原子物理学者。戦時中に英米の核爆弾開発にかかわったが、一九五〇年にスパイ容疑で逮捕された。
＊24　アルヴィン・ワインバーグ（一九一五―二〇〇六年）　アメリカの原子物理学者。一九五五年から七三年までオークリッジ国立研究所の所長を務めた。
＊25　バリー・コモナー（一九一七―二〇一二年）　アメリカの生物学者。「エコロジーの四原則」を定式化した。
＊26　ルードルフ・シュルテン（一九二三―九六年）　ドイツの物理学者・核技術者。高温ガス炉を開発した。

# 訳者あとがき

本書は、ドイツの歴史家ヨアヒム・ラートカウの原子力関連のテキスト四点と、訳者たちによるラートカウへのインタヴューからなる。訳出したテキストの出典は、本書の冒頭（凡例）に一覧として示した通りである。

ラートカウの経歴と主要な著作については、すでに『自然と権力——環境の世界史』（みすず書房、二〇一二年七月刊）の「訳者あとがき」で詳しく述べたので、ここでの繰り返しは避けるが、彼は現在、国内外においてドイツを代表する環境史家の一人である。

ラートカウは、一九七〇年代前半からドイツの原子力産業の歴史研究を開始し、これまでに多数の関連文献を発表している。さらに、彼はその分野の第一人者として、また環境史の大家として、フクシマ事故後はドイツ内外のメディアから頻繁に意見を求められ、その発言内容の多くも公開されている。本書は、そうした多数のテキストから四点を選び出すとともに、訳者たちが独自に行ったインタヴューを収録している。以下、本書の成立の経緯と構成について多少の説明を加えておきたい。

出発点は、「ドイツ反原発運動小史」（以下、「小史」と略記）にある。この注目すべき文章の原文を訳者たちが入手したのは、二〇一一年八月であった。折しも、ラートカウの環境史の大著『自然と権力』の翻訳完成を目前に、訳者たちは著者紹介に主眼を置いた短いテキストを月刊『みすず』誌に訳出する計画を立てていた。テキストの候補はいくつかあったが、自然・環境の歴史家という側面を強調しようと、数年前に書かれたものを第一候補としてラートカウに打診した。その快諾の返事とともに、書き上げたばかりの「小史」の原稿が送られてきたのである。一読して、それは他の候補を凌駕してしまった。

「小史」は、ドイツ連邦議会が発行する新聞『パーラメント（国会）』の付録誌『政治と現代史から』に掲載するために書かれたものである。『政治と現代史から』は、政府機関である連邦政治教育センター Bundeszentrale für politische Bildung ――二〇〇〇年まで『パーラメント』紙の発行元でもあった――が編集していることからも想像されるとおり、政治教育に幅広く資するという目的のもと、毎回の特集に沿って、専門家の多面的な意見を読みやすい形で紹介するパンフレットである。「小史」は、フクシマ事故を受けてドイツが脱原発政策を確定させたことを特集する号に寄稿された。アクチュアルな政策決定の背景にある反原発運動の伝統は、多くのドイツ人読者の関心を引くものであろう。しかしまた、四〇年以上にわたるその歴史は、脱原発の可能性とその道筋を模索する日本の読者にとっても、非常に興味深いものである。ドイツの反原発運動が勝利したのは、ある特徴的な要因──「ドイツ的不安（ジャーマン・アングスト）」の蔓延、「新しい社会運動」やカリスマ的指導者の存在など──の一義的な結果ではなく、反原発運動の長い歴史過程そのものの帰結だとするラートカウの指摘は、性急に解決策を求めるがゆえに陥りがちな視野狭窄を克服するうえで、きわめて貴重なものと言えるだろう。

『みすず』誌の五九九号（二〇一一年一一月）と六〇〇号（同一二月）に訳出された「小史」は、幸いにも予想以上の反響を得た。他方、ドイツ語の「小史」も、二〇一一年一一月一四日付けの『パーラメント』紙とともに注記なしで発表されたのち、連邦政治教育センターの「政治と現代史から」叢書の一冊として出版された『原子力時代の終焉？　フクシマからエネルギーシフトへ』（二〇一二年六月）に注付きで載録された。本書所収の「小史」は、基本的にこのドイツ語最新版に依拠している。

『みすず』誌への「小史」の掲載にあわせて、訳者のひとりである海老根は、ラートカウの大著『ドイツ原子力産業の興隆と危機　一九四五－一九七五年』の結論部（以下、「興隆と危機」と略記）を訳出し、著者の許可を得たうえで自身のウェブサイトで公開した。一九八三年に出版されたこの書こそ、ラートカウの出世作（教授資格申請論文）であり、現在にいたるまでドイツの原子力産業に関する歴史研究の基本文献とみなされるものである。この五〇〇頁を超える技術社会史的研究は、研究省の議事録などの内部資料の分析、関係者への聞き取り調査、そして原子力技術の詳細な検討を通して、ドイツにおける原子力産業の形成過程を描き出している。ラートカウはそこで、原子力技術が政治、産業界、科学（アカデミズム）のあいだでどのように形作られていったのかを明らかにするとともに、「新しい啓蒙」としての反原発運動がいかにして原子力技術の潜在的リスクに反応し、原子力をめぐる議論を公共の場に開くことになったのかを分析している。いまだ原発のエコロジー的正当化（地球温暖化対策としての原子力エネルギー）も再生可能エネルギーの推進もほとんど話題になっていなかった時代（チェルノブイリの事故もまだ起こっていなかった）の研究ではあるが、今日にも通じる原子力技術の問題がすでに詳細に論じられている。そうした本書のエッセンスが詰まっているのが、ここに訳出した結論部である。なお、在庫切れ状態が続いている原著は、大幅な加筆修正を加えて近く出版されるとのことである。

以上の二点、とりわけ月刊誌に分載された「小史」を入手しやすくすべく書籍化が企画された。その際、ドイツ人読者を想定して書かれた「小史」が、日本の読者にとってより理解しやすくなるよう、著者に直接インタヴューしてみてはどうかということになった。そこで、まず海老根がドイツのラートカウの自宅を訪ねてインタヴューの大半を行い、その後、同様にして森田が補足的なインタヴューを行った。

インタヴューの前半では、歴史家ラートカウが原子力という眼前の問題に興味を抱くようになったきっかけや、原子力産業の研究への実際の取り組みの過程、その所産である教授資格申請論文の評価について、率直な所感を織り交ぜて語られる。そこには、一見すると関連性の分かりづらいラートカウの多様な研究テーマ——技術史から心性史まで、環境史から個人史まで——に一貫する歴史家としての基本姿勢が見て取れるだろう。それを、人類に対する深い眼差しと約言するのは、大げさであろうか。インタヴュー後半は、「小史」に即しての質疑応答である。「小史」の論点が掘り下げられるだけでなく、日本の事例との比較がなされ、原発問題を考える際の興味深い手がかりが提供されている。

そのインタヴューの際、本書への収録の三点目のテキストとしてラートカウ自身が示唆したのが、「核エネルギーの歴史への問い——時代の趨勢における視点の変化（一九七五–一九八六年）」（以下、「核エネルギー」と略記）である。これは、一九九三年刊行の『エネルギー・政策・歴史——一九四五年以降の国内および国際的なエネルギー政策』と題された論文集に収められている。同論文集は、近代歴史学の太祖とも言われるレオポルト・フォン・ランケの名を冠した歴史家協会の年報の別冊であり、その想定読者層や内容からして、所収の「核エネルギー」は、ちょうどその一〇年前に発表された「興隆と危機」の続編ともみなされうる。「興隆と危機」の分析対象時期は一九七五年までであるが、まさしく一九七〇年代後半から八〇年代初頭にかけて、ドイツの反原子力闘争は大きな盛り上がりを見せた。ラートカウは、「興隆と危機」の結論部で求めていた公共性が機能しつつある状況に鑑み、より新しい研究成果とともに「核エネルギー」でその歴史を再検証したと言えよう。他方、「核エネルギー」が執筆された時期は、東独の崩壊から東西ドイツ統一というドイツ史の「混乱状態」（四四頁）に当たり、「核エネルギー」の副題でもある「時代の趨勢における視点の変化」を考えることは、時局的な意味もあったと考えられる。

時局的ということでは、フクシマの原発事故一周年を目前とした二〇一二年三月四日付けの新聞記事「あれから一年、フクシマを考える」（以下、「フクシマを考える」と略記）が模範的である。この記事が、SPD系で社会的影響力のある全国日刊紙『フランクフルター・ルントシャウ（フランクフルト展望）』に掲載された際は、「フクシマから学ぶ」というタイトルがつけられ、いくつかの小見出しが挿入されていた。それらは、ドイツ人読者のための編集上の便宜であることから、本書では、ラートカウ自身が原稿に付したタイトルを採用し、小見出しも割愛した。「フクシマを考える」でのラートカウの日本を見る眼差しは、たった三度の短期来日（二〇〇八年一〇月、二〇〇九年八月、二〇一二年一月）と欧米語の二次文献からの知識によるものだとは信じられないほど透徹しており、そのメッセージは、ドイツの読者のみならず、日本の読者にとっても大きな意義を持っている。なお、ラートカウは、日本語版『自然と権力』の出版に当たり、「日本語版へのあとがき――フクシマの事故の後に考えたこと」と題された文章を書き下ろしている。そこでは、原子力技術の歴史家としてのみずからの経験とこれまでの研究から得られた知見が、フクシマ後の日本の読者に向けて平明に語られている。合わせて読んで頂けると幸いである。

以上のようにして集められた五点の文章の配列にはやや頭を悩ませたが、最近の記事から過去の著述へと時間的に遡る順序でテキストを配置し、最新のインタヴュー発言で掉尾を飾ることにした。それらを通読することで、ドイツの原子力の長い歴史を、産業、核エネルギー、反原発運動、公共性といったキーワードを介して理解できるだけでなく、歴史家ラートカウの三〇年以上にわたる個人史の一端を垣間見ることができる。原子力技術や産業をめぐる個々の論点には、批判や再検討を必要とするものもあるだろう。しかし、そこから、公共の議論や新たな研究が生まれるとすれば、それが本書の最大の意義と言えるかも知れない。

＊

テキストの翻訳に当たっては、「フクシマを考える」と「興隆と危機」を海老根が、「小史」と「核エネルギー」を森田が下訳し、相互にチェックをしあったうえで、必要に応じて森田が訳語の統一・全体の確認を行った。インタヴューについては、各自が書き起こして訳したテキストを、ラートカウの了承を得て編集し、海老根が全体を構成した。訳者たちの専門領域を超える分野の術語などの訳出には気を配ったつもりであるが、膨大する原子力関連文献を参照しきれなかった部分も少なくない。各方面からご教示とご叱正を頂ければ幸いである。

多くの情報を快く提供し、度重なる質問にも積極的に応じるだけでなく、訳者たちを御夫人とともに自宅で温かく迎えてくれたラートカウには、心から感謝の意を表したい。

最後に、『自然と権力』に引き続き、本書の企画段階から訳者たちを見守り、完成へと着実に導いて下さったみすず書房の島原裕司氏に厚くお礼を申し上げる。

二〇一二年一〇月

訳者一同

## 著者略歴

（Joachim Radkau 1943－）

ドイツの歴史家．ミュンスター，ベルリン自由大学，ハンブルクの各大学で歴史学を修める．フリッツ・フィッシャー（ハンブルク）のもとで1970年に博士号取得．1974年にヴェストファーレン＝リッペ教育単科大学で，1981年にビーレフェルト大学で教授資格を取得．1980年からビーレフェルト大学歴史・哲学・神学部教授（2009年に定年退官）．著書は，博士論文に基づく『アメリカ合衆国におけるドイツ系移民――アメリカのヨーロッパ政策への彼らの影響 1933－1945』（1971），G. W. F. ハルガルテンとの共著『ドイツの産業と政治――ビスマルクから今日まで』（1974），教授資格申請論文に基づく『ドイツ原子力産業の興隆と危機 1945－1975』（1983），I. シェーファーとの共著『木材――技術史における天然素材』（1987），『神経過敏の時代――ビスマルクとヒトラーのあいだのドイツ』（2000），『マックス・ヴェーバー――思考の情熱』（2005），『エコロジーの時代』（2011）など多数．現在，邦訳書は『自然と権力――環境の世界史』（みすず書房，2012）と本書の二冊．

## 訳者略歴

海老根剛〈えびね・たけし〉1971年東京都生まれ．東京大学大学院人文社会系研究科博士課程単位取得退学．博士（文学）．大阪市立大学大学院文学研究科表現文化学専修准教授．専門は20世紀ドイツ文化研究・映像論．論文に「群集・革命・権力―― 1920年代のドイツとオーストリアにおける群集心理学と群集論」（『ドイツ文学』第130号，2006），訳書にイヴォンヌ・シュピールマン『ヴィデオ――再帰的メディアの美学』（監訳，柳橋大輔，遠藤浩介との共訳，2011，三元社）など．

森田直子〈もりた・なおこ〉1971年岡山県生まれ．東京大学大学院人文社会系研究科博士課程単位取得退学，ドイツ・ビーレフェルト大学歴史・哲学・神学部で博士号取得．立正大学兼任講師．専門はドイツ近代史．著書に *Wie wurde man Bürger? Geschichte des Stadtbürgerrechts in Preußen im 19. Jahrhundert*, Frankfurt/M. 2008，論文に「ドイツ近代の名誉市民権 Ehrenbürgerrecht ――その起源と意義」（『史学雑誌』第120編第11号，2011）など．

ヨアヒム・ラートカウ

# ドイツ反原発運動小史

原子力産業・核エネルギー・公共性

海老根 剛
森田直子
共訳

2012年11月9日　印刷
2012年11月20日　発行

発行所　株式会社 みすず書房
〒113-0033 東京都文京区本郷5丁目32-21
電話 03-3814-0131(営業) 03-3815-9181(編集)
http://www.msz.co.jp

本文組版　キャップス
本文印刷・製本所　中央精版印刷
扉・表紙・カバー印刷所　栗田印刷


Printed in Japan
ISBN 978-4-622-07722-0
[ドイツはんげんぱつうんどうしょうし]
落丁・乱丁本はお取替えいたします